中国学生成长速读书

总策划／邢涛　主编／龚勋

动物世界

百科全书

U0309880

汕头大学出版社

动 / 物 / 世 / 界 / 百 / 科 / 全 / 书
ENCYCLOPEDIA OF ANIMAL WORLD

FOREWORD

前言

四十多亿年前，地球上只有一片荒寂。大约四亿年前，动植物的出现叩响沉默。当时，它们有的只是一个细胞，渺小得几乎可以忽略，但它们却宣告了一个不平凡的开始——地球上从此有了生命。经过几亿年的进化繁衍，地球变得日益充盈。而动物更是成为自然界的主角。到目前为止，人们已经发现了二百多万种动物。从浩瀚的海洋到广阔的天空，从葱翠的平原到荒芜的沙漠，从赤日炎炎的非洲内陆到冰雪覆盖的南极大陆……到处都有动物的踪迹。它们或披鳞带甲，或裹着厚厚的皮毛，共同演绎着这个世界的五光十色和盎然生机。

《动物世界百科全书》按照科学严谨地动物分类法分门别类地、生动地介绍了近百种动物，并配以大量精彩绝伦、生动逼真的摄影图片，按照图文并重、相得益彰的思路科学编排。动物学家对科学知识深入浅出、通俗易懂的讲解，使文字与图片相映成趣、引人入胜。本书将带领读者进入五彩缤纷的动物世界，与豹驰骋于草原，与猿穿梭于森林，与鹰翱翔于天空，与鱼嬉戏于大海……为读者展现一个蔚为大观的动物世界，让您充分感受它们的神奇与美丽。

如何使用本书

　　为了读者阅读方便，下面向大家介绍《动物世界百科全书》的使用方法。按照动物从低等到高等的进化历程，全书共分六章，即无脊椎动物、鱼、两栖动物、爬行动物、鸟和哺乳动物。在具体内容上，每页均附有各种照片、详尽说明等资料。每个篇章起始处均有精美照片插页。

书眉

　　提示章节：双页码上端标出该章名称，单页码上端标出篇章标题。

主标题

　　为您提供当页的主题。

主文本

　　概述主题，给您关于本页内容的概括介绍。

图注

　　告诉您关于该图片更加详尽的资料。图注说明文字由直线引出。

篇章标题

　　本章所要介绍内容的总称，是对全章文章内容的精确提炼。

无脊椎动物

篇章概述

　　介绍本章的主要内容，引导您轻松了解与掌握全章的内容要点。

---

84 | 动物世界百科全书

企鹅

　　企鹅是海洋性鸟类，身体呈流线型，两翼退化成桨状，没有飞行能力，主要用于划水。它们可以站立行走，但速度很慢。其羽毛短而弯曲，紧密地贴在身上，表面呈鳞状。大多数企鹅的颈和腹部为白色，嘴端有明显的钩状伸出。企鹅主要分布在南极洲，在陆地和水域中生活，以鱼类为食。它们通常在地面筑巢，每次产卵1～3枚，雌雄企鹅轮流孵卵。

幸福的一家

阿德利企鹅

　　阿德利企鹅是一种小型企鹅，体长只有70厘米。它们善游泳和潜水，走起路来摇摇摆摆，还能将腹部贴在冰面上滑行。它们多在远离南极海岸的冰冷水域中觅食，猎食磷虾，也吃小鱼。通常，在南极的夏天时，它们会在拥挤的群体中筑巢。繁殖期，每只企鹅都会返回原来巢址，寻找原配偶。一对企鹅每年一般会哺育两只幼鸟。

冠企鹅

　　冠企鹅也是一种小型企鹅，重2～3千克。其明亮的黄色羽冠从头部的两侧耷拉下来，就像两道下垂的眉毛。因为它们的聚居地大多是在海边的岩缝或陡坡之处，所以它们走路时总是双脚往前跳，一步可以跳30厘米高。冠企鹅从悬崖上跳入水中时，双脚合并，头上脚下地入水。这是所有企鹅中唯一一种以如此方式跳水的企鹅。冠企鹅经常迅速攻击对它们有威胁的任何人或动物。

像毛皮一样细密的羽毛。

阿德利企鹅

冠企鹅

皇帝企鹅

　　皇帝企鹅是最大、最重的一种企鹅，体长95厘米，体重可达40千克。皇帝企鹅喜结群，善游泳和潜水，但行走笨拙。在海洋取食期间，它们的身体内积满了一层厚厚的脂肪。在追捕鱼类时，皇帝企鹅靠着鳍状翅膀的推动前进，时速可达265米。它们在冰雪上活动时，时常以腹部触地，凭借鳍状翅像雪橇一样向前滑行，非常可爱。

皇帝企鹅

蝴蝶鱼

蝴蝶鱼又称珊瑚鱼，属于硬骨鱼纲鲈形目蝴蝶鱼科。蝴蝶鱼约有90种，中国近海就有40余种。蝴蝶鱼大都色彩艳丽，全身有数目不等的纵横条纹或花色斑块，体色能随外界环境的变化而变化。蝴蝶鱼体色的改变主要在于其体表有大量色素细胞，色素细胞在神经系统的控制下展开或收缩，从而呈现出不同的色彩。一般人认为色彩鲜艳的动物都是有毒的，它们用鲜艳的颜色来警告其他天敌。其实，蝴蝶鱼无毒无害。

生性胆小

蝴蝶鱼生性胆小，警惕心强，通常藏身于礁石丛中，并通过改变体色来保护自己，进食的时候，蝴蝶鱼总是不习惯地东张西望，而且一遇到凶欲或壮敌就忙着躲起来，甚至吸入水里很慢出来。当它遭到外来水族群时，它的胆小也有其可贵之处。

网纹蝴蝶

网纹蝴蝶分布在印度洋及日本、菲律宾、中国台湾和南海的珊瑚礁海域。体高，呈侧扁形，体长17～15厘米。其头形为三角形，颜部至黄色、灰色，眼很有一条黑色环带。网纹蝴蝶体呈金黄色，体表呈倾斜的网纹排列着倾斜状的四方形黄褐、其胸鳍、臀鳍、尾鳍由根部到到上边缘次角黄、灰、黄三条颜色。在天然海域中，它以浮游生物、珊瑚为食。

长吻蝴蝶

长吻蝴蝶如其它们的名字一样，有一个尖长的吻部。这只"狡猾者"可以任意根据小洞中觅食藏身。长吻蝴蝶的嘴巴上方有一个大大的嘴巴，当它行遇到敌侵时，带带以此来防御自己逃避对方，是好看者不仅真相的藏之大方。长吻蝴蝶的幼体与成色，无论颜色须是体形，都有着极大的区别。

> **惊人的变色能力**
> 蝴蝶鱼能在几分之几秒钟内变色，以躲避天敌和捕捉猎物。网纹蝴蝶等，有明显的样子斑的保护色。当它们进入色彩斑斓的珊瑚丛中时，身上的斑纹便自然消失，这样，一条细细的身子上一块又大的斑纹，而看到的这变无穷，真是令人钦佩。

小资料

此处是有关动物的目科、分布等科学性数据资料。有的资料是关于该种动物的有趣信息。

帽带企鹅

帽带企鹅身高43～53厘米，体重4千克。其最显著的特征是脖子底下有一道黑色条纹，像海军军官的帽带，显得威武、刚毅。因此有人称之为"警官企鹅"。帽带企鹅的繁殖季节在冬季，雌企鹅每次产2枚蛋。蛋由雌、雄企鹅双方轮流孵化，先雌后雄，雌企鹅先孵10天，以后每隔二三天雄、雌企鹅轮流换班。雏企鹅2个月后即可下水游泳。

帽带企鹅

企鹅	
目　科：	企鹅目
分　布：	南极洲、澳洲、非洲、南美洲的海洋
栖息地：	海水、多岩石的岛屿、海岸
食　物：	甲壳类动物、鱼、乌贼
巢　穴：	石头、草、泥、洞穴或地洞
产卵数：	1～2枚
大　小：	40～115厘米

巴布亚企鹅

巴布亚企鹅体长81厘米，其眼睛上方有一块明显的白斑，主要分布于福克兰群岛、南乔治亚岛、马阔里岛、克尔盖伦群岛、马里恩群岛、奥克尼群岛、斯德兰群岛。巴布亚企鹅非常胆小，当人们靠近时，它们会很快地逃走。通常，它会在南极洲和亚南极地区的岛屿上筑巢繁殖。幼鸟先后换羽两次。其主要敌害有贼鸥、海豹。

巴布亚企鹅

国王企鹅

黄眼企鹅

黄眼企鹅的名字意味着它们有一双不同寻常的橙黄色的眼睛。这是继皇帝企鹅和国王企鹅之后的第三大企鹅，身长70～80厘米。它们主要生活在新西兰南岛的东南海岸。成年企鹅的头顶上、脸颊上和下巴上都有淡黄色的的羽毛；围绕着眼睛，甚至头部和颈部等处还有一个宽宽的黄色羽毛带。其身体上半部分其他位置的羽毛颜色都是青蓝色，身体下部分则是白色。

黄眼企鹅

国王企鹅

国王企鹅身长90厘米左右，外形与皇帝企鹅十分相似，但身材比皇帝企鹅"娇小"些。它们的嘴巴细长，脖子下的红色羽毛非常鲜艳，并向下和向后延伸出很大面积。其羽毛色彩是企鹅中色彩最鲜艳的。国王企鹅主要以近海乌贼和鱼为食。它们上岸的方式很特别：先是靠最后的冲刺力量冲到岸上，腹部着陆向前滑行几米，然后用嘴和两翼撑地站立。

辅标题

主标题下的辅标题进一步对该页内容进行分类。

辅文本

每个辅标题下均有一段详细的说明文字，介绍该种动物的特征、习性等相关内容。

图名

具体介绍该动物名称。

Contents | 目录

动物世界百科全书

Contents | 目录

动物世界百科全书

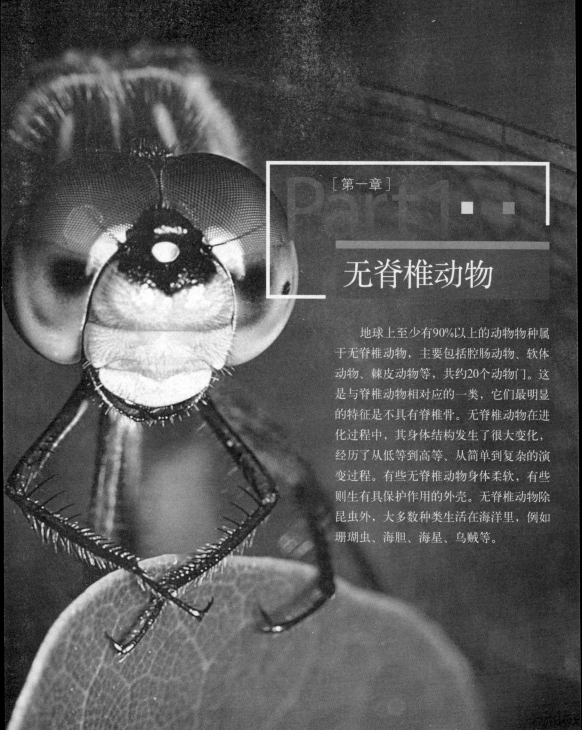

第一章

Part 1

无脊椎动物

　　地球上至少有90%以上的动物物种属于无脊椎动物，主要包括腔肠动物、软体动物、棘皮动物等，共约20个动物门。这是与脊椎动物相对应的一类，它们最明显的特征是不具有脊椎骨。无脊椎动物在进化过程中，其身体结构发生了很大变化，经历了从低等到高等、从简单到复杂的演变过程。有些无脊椎动物身体柔软，有些则生有具保护作用的外壳。无脊椎动物除昆虫外，大多数种类生活在海洋里，例如珊瑚虫、海胆、海星、乌贼等。

腔肠动物

　　腔肠动物大约有1万种，除少数几种生活在淡水中外，其他多生活在海水中。这类水生动物的身体中央都生有空囊，因此整个形体有的呈钟形，有的呈伞形。腔肠动物的触手十分敏感，上面生有成组的刺细胞。如果触手碰到可以吃的东西，一些末端带毒的细线就会从刺细胞中伸出来，刺入猎物体内，以获取食物。

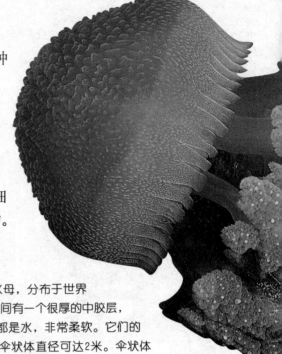

水母

水母

　　水母是腔肠动物的一种，全世界大约有250种水母，分布于世界各大海洋中。它们的身体由内外两胚层组成，两胚层间有一个很厚的中胶层，不但透明，而且有漂浮作用。水母身体的主要成分都是水，非常柔软。它们的身体外形像一把伞，伞体直径有大有小，大水母的伞状体直径可达2米。伞状体边缘长有一些须状条带，这种条带叫触手。水母的触手上满布刺细胞，这种刺细胞能射出有毒的丝，每当遇到"敌人"或猎物时，刺细胞就会射出毒丝，把"敌人"吓跑或捕获并毒死猎物。

海月水母

　　海月水母是海洋中最常见的一种水母。它们的伞无色透明，呈圆盘状，伞缘有很多触手。其身体内98%是水。海月水母利用"钟罩"（伞状体）四周垂在水中的口腕捕捉小鱼，用带褶边的触手将猎物麻醉后拉入口中。海月水母的毒刺虽不会使人丧命，却能引起刺痛感。

海月水母

僧帽水母

　　僧帽水母有一个很大的充满气体的浮囊，呈白色透明状，很像一个僧侣的帽子。僧帽水母是终生群居的一类浮游腔肠动物。在僧帽水母群中，有一个僧帽水母形成浮囊，其余的则负责刺杀、消化猎物，进行繁殖。当它们在水面上漂浮时，僧帽水母的有毒触手会倒垂到水下捕食，有时能伸到20米深的海水中。僧帽水母的毒性很强，能使人的皮肤出现如受鞭打般的伤痕，严重者还会有生命危险。

能预知海上风暴的水母

　　科学家们经过长期观察研究发现：水母有能听到次声波的"耳朵"——在伞状体边缘具有敏锐感觉能力的触手囊。当遥远的海面发生风暴时，气流与海浪的摩擦会产生次声波，并向四周传播。次声波传播的速度比风暴快得多。人耳是听不到次声波的，而水母却能通过触手囊感受到次声波，并做好及时的避风准备。

海葵

　　海葵看上去很像海洋中盛开的花朵，其实是一种海生腔肠动物。它们圆柱状的身躯靠底部强有力的吸盘牢牢地吸在海底的岩石、淤泥上，甚至吸附在贝类和蟹的外壳上。

　　海葵有大有小，小海葵只有米粒大小，大的则有1米多高。海葵的口周围长满了柔软的触手。它们的触手在水中不停地摇摆，以捕捉路过的小鱼虾。一旦猎物落进海葵的触手，就会被海葵触手上的刺细胞蜇刺，丧失反抗能力，然后被这些触手送进海葵口中。

海葵的底部贴在岩石上，口藏在触须里。

红海葵

红海葵

　　红海葵是海洋中较常见的一种海葵，终生固着在岩石等坚硬的物体上。它们的表面也生有带剧毒的刺细胞触手。它们利用这些触手捕捉从附近游过的小动物。红海葵多生活在退潮时留下的浅水洼里，体内装满了水，以防在空气中干死。

海笔

　　海笔是一类美丽的腔肠动物。它们的身体呈轴对称形，非常像老式的羽毛蘸水笔，因此得名海笔。海笔是由许多称为水螅虫的小动物群居而形成的。它们的下半部分固定在泥沙中，上半部分生有许多水螅虫。水螅虫们用它们的触手捕食海中的食物。海笔的大小不一，有些能达到1米以上。

带有刺细胞的触手

通到消化腔的中心口

茎柄将水螅锚固。

水螅

海笔

水螅

　　水螅是腔肠动物中重要的一类，主要生活在淡水环境中。其体形细小，只有1～3厘米长；身体上端有口，口周围有数条细长的内有刺丝囊的触手；下端依附在水草或其他水底物体之上，可做滑行及翻筋斗运动。水螅捕食时先用触手缠绕猎物，并把毒液注入猎物体内，使其麻醉或死亡，然后再用触手送至口中。

腔肠动物的繁殖

　　腔肠动物的生命循环非常复杂，大多数是进行无性繁殖，即能够通过分裂或从母体上萌芽生长，或从断片上再生。有时，它们也进行有性繁殖，将精子和卵子排入水中，受精或在水中进行，或在成体的体腔内进行，许多种类可能要经过一个或两个幼虫阶段。

深海水母

珊瑚虫

　　珊瑚虫是一种身体柔软的小腔肠动物，珊瑚就是由这些动物大量群居而形成的。珊瑚虫在白色幼虫阶段便自动固着在先辈珊瑚虫的石灰质遗骨堆上。它们依靠自己的触手来捕捉食物，并分泌出一种石灰质来建造自己的躯壳。在生长过程中，为了能更多地捕捉食物和吸收阳光，它们向前后、左右扩展，形成似树枝状的生物群体。通常，我们能在清澈的热带浅海海域发现很多珊瑚。

珊瑚附近食物丰富，常有鱼类出没。

珊瑚

珊瑚礁

　　随着珊瑚虫的成长、死亡，它们尸体的硬壳不断堆积，最后就形成珊瑚礁。世界上最大的珊瑚礁是澳大利亚昆士兰州近海的大堡礁，长约2000千米，是地球上迄今为止由生物形成的最大的物体。珊瑚礁为海绵和一些不怕珊瑚刺的小动物提供了食物和逃避敌人的庇护所。

红珊瑚

　　红珊瑚的珊瑚虫呈白色，多生长在黑色、粉红色或红色的骨骼上。它们主要生活在200米深的光线较暗的海底，因而非常稀少。红珊瑚不一定都是红色，而是有血红、粉红、橙黄和白色等多种颜色。

脑珊瑚

　　脑珊瑚呈圆形，体表有深深的凹槽，看上去就像人的大脑皮层一样。这类珊瑚通常由一排排珊瑚虫的触手整齐地排列在珊瑚虫的两侧而形成，口长在底部，形如凹槽。脑珊瑚的这种圆形构造有助于它们承受海浪的冲击。

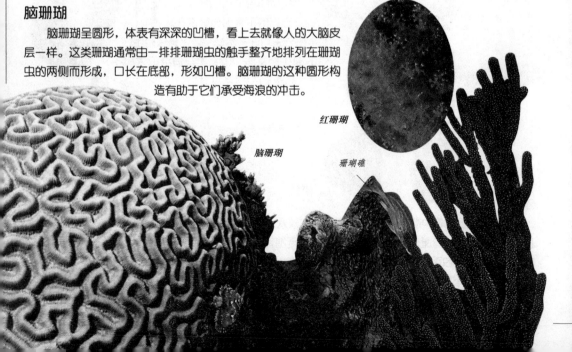

红珊瑚

脑珊瑚

珊瑚礁

棘穗软珊瑚

棘穗软珊瑚的珊瑚体呈灌木丛状。珊瑚虫聚集成球形，分布在枝干的顶端和侧面。珊瑚虫的头冠部由八组双列的骨针围绕构成，柄部由成束的大型骨针支持，骨针通常突出于体表。棘穗软珊瑚具有多种艳丽的色彩，通常生长在海中礁石壁的底部、槽沟或洞穴等较隐蔽的环境中，主要分布在水深10米以下的海域。

像扇面一样的柳珊瑚

柳珊瑚

柳珊瑚，也被称为海扇，扇面上密布着细密的纹理，很像叶子的脉络。这类珊瑚虫靠它们的羽状触须捕食。细小纷杂的触须顺着海水水流的方向生长，这样，它们可以捕捉到海水流动时所带来的海洋小动物和植物。近年研究发现，从柳珊瑚中可以分离出柳珊瑚酸。这种酸具有强烈的生理活性和心肌毒性，是一种很重要的天然海洋生物资源。

棘穗软珊瑚

颜色绚丽的蘑菇珊瑚

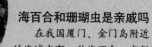

蘑菇珊瑚

蘑菇珊瑚是由单个巨大的珊瑚虫形成的。它们不像石灰质珊瑚一样和岩石粘连在一起，而是以一种疏松的状态附着在岩石上。它们甚至可以移动，但距离不会太远。蘑菇珊瑚可以产生一种含有刺状细胞的黏液。这种黏液能将侵入它们领地的其他珊瑚群体的边缘消灭。

海百合和珊瑚虫是亲戚吗

在我国厦门、金门岛附近的海域中有一种海百合，它们的身体呈花状，触腕上有许多羽状分支。从外表看来，海百合很像一株美丽的珊瑚，也有人将它们视为珊瑚虫的亲缘动物。事实上，海百合与海参、海星等同属棘皮动物门，而且是最古老的棘皮动物。海百合是滤食动物，它们靠触腕来捕食海洋浮游生物。当它们吃饱喝足时，腕肢收拢下垂，宛如一朵行将凋零的花，那是它们正在睡觉。

鹿角珊瑚

鹿角珊瑚

鹿角珊瑚能不断分叉，看上去就像雄鹿的角一样，故而得名。鹿角珊瑚是珊瑚中的大型个体，最高可达1米。其分枝粗壮、侧扁，顶端圆钝。鹿角珊瑚为造礁珊瑚的一种，但因其比较容易破碎，所以常生长在热带海洋的珊瑚礁内及浅海潮下的礁石内。体形较大的鹿角珊瑚丛如同浓密的水下森林，为许多动物提供了栖身之所。

软体动物

软体动物有50000多种，是低等动物中最大的类群之一。它们有些生活在陆地上，但大多数生活在淡水或海水中。软体动物包括许多体积小、移动缓慢的种类，如蜗牛、钉螺等，也包括一些体积较大、移动迅速的种类，如乌贼、章鱼等。所有软体动物的身体都很柔软，并且多生有一层套膜，这层套膜能分泌出一种可以形成贝壳的物质。

庭院大蜗牛　外壳　眼睛　触角　生长线

蜗牛

庭院大蜗牛

庭院大蜗牛已成为一种危害极大的害虫。每到晚上或者下过大雨之后，它们就会出来觅食，常常将植物咬断。天气干燥时，它们缩在壳内，用一种干燥后变硬的黏液将壳的开口封住。同多种蛞蝓和蜗牛一样，庭院大蜗牛既有雄性生殖器官，又有雌性生殖器官，因此，任何两只都能交配繁殖。

大赤旋螺

大赤旋螺是一种海螺，属肉食动物。其螺塔高，体层大，结节顶端呈白色；壳顶常缺损；壳口大，内有密集的螺纹，但螺轴光滑；螺层周缘和体层肩部有螺旋状排列的大瘤，壳表呈浅红色或奶油色。

结节　大瘤

大赤旋螺

食用牡蛎

食用牡蛎是常见的一种双壳贝类软体动物。它们多生活在河流入海处的泥滩上，其贝壳粗糙不平，其中一片扁平，另一片呈弧状。扁平的一片朝上，有弧度的一片则紧紧地固着在岩石或其他牡蛎身上。

扇贝

大扇贝

大扇贝是一种能通过开合两片贝壳，在水中自由游动的双贝壳软体动物。当受到惊吓时，它们会关紧贝壳，然后喷出一股水柱，使身体迅速向后移动，借机逃跑。大扇贝生有一排触手，贝壳的边缘还有一百多个蓝色的"眼睛"，分几排排列着。

乌贼

乌贼的身体扁平而柔软，非常适合在海底生活。它们体内聚集着数百万个含有红、黄、蓝、黑等不同颜色的色素细胞，可以在一两秒钟内做出反应，通过调整体内色素囊的大小来改变自身的颜色，以便适应环境，逃避敌害，故成为水中的变色能手。乌贼平时做波浪式的缓慢运动，可一遇到险情，它们就会以每秒15米的速度把强敌抛在身后。

乌贼

乌贼	
门：	软体动物门
纲：	头足纲
种类：	350种
食物：	螃蟹、鱼、贝类
分布：	世界各大洋

自卫

乌贼体内的墨汁平时都贮存在肚中的墨囊里，遇到敌害侵袭时，它们会从墨囊里喷出一股墨汁，把周围的海水染得墨黑，然后趁机逃之夭夭。而且乌贼的墨汁含有毒素，可以用来麻醉敌人。储存这一腔墨汁需要很长时间，所以不到万不得已，它们是不会随意施放墨汁的。

乌贼借浓黑的墨汁的掩护，趁机摆脱危险。

大王乌贼

大王乌贼的体长一般只有30～50厘米，但最大的大王乌贼有21米长，甚至更长，重达2000千克。它们一般生活在深海中，以鱼类为食，能在漆黑的海水中捕捉到猎物。它们经常要和潜入深海觅食的抹香鲸进行殊死搏斗，能将抹香鲸打得伤痕累累。不过，在抹香鲸的胃里也曾发现过大王乌贼的残迹。

大王乌贼

柔软、肌肉状的外部套膜

乌贼

捕捉猎物的两只触手和八条腕足

吸血枪乌贼

吸血枪乌贼分布在全球各海域中。这种动物身体乌黑，眼睛会发光，口腔由漏斗状结构的腕像伞一样地支撑着。吸血枪乌贼生活在深海中黑暗的地方，从来没有人见过它们进食。它们的眼睛可能会吸引鱼类，猎物经过漏斗状结构的腕而进入它们的口中。

蟹

蟹俗称为螃蟹，它们的身影遍布河流、海洋和沙滩。螃蟹都长着一对非常特殊的眼睛——柄眼。柄眼的基部有活动关节，因此眼睛可以上下伸缩。螃蟹的防身武器是一对大螯，在求偶季节，这对大螯也用以吸引异性。螃蟹都很善于游泳，生活在岸边的许多物种还能以极快的速度侧身急行，以逃避危险。

柄眼——

螃蟹

蜘蛛蟹

蜘蛛蟹长相丑陋，在头胸甲上或大螯上一般戴有几朵艳丽的"鲜花"，那是海葵。蜘蛛蟹就是靠触手上有毒的海葵来保护自己，以避敌害的，同时也美化了它们丑陋的身躯。

蜘蛛蟹

寄居蟹

寄居蟹同多数蟹不同。它们身体细长，腹部长而软，只有身体前端才有一层坚硬的外骨骼。为保护自己不受敌人攻击，它们常常躲进软体动物的空壳内。它们的腹部能绕成螺旋状，以适应贝壳的形状；腿与螯肢的开合也有助于它们在其他动物企图进入贝壳时将入口封住。随着身体不断长大，寄居蟹需要定期更换外壳。

三疣梭子蟹

三疣梭子蟹别名很多，如梭子蟹、海螃蟹、海虫、水蟹等。雄蟹背面为茶绿色，雌蟹为紫色。它们的头胸甲呈梭形，稍隆起，表面有3个显著的疣状隆起，两侧前缘各有9个锯齿，第9锯齿特别长而大。其额部两侧有1对能转动的带柄复眼。它们的腹部（俗称蟹脐）扁平，雄蟹腹部呈三角形，雌蟹呈圆形。腹面均为灰白色。

三疣梭子蟹

寄居蟹

特殊的鳃片

螃蟹生活在水中，和鱼类一样用鳃呼吸。不过，与鱼类不同的是，即使离开了水，螃蟹也不会干死。这是因为它们的鳃片可以储存水分，所以螃蟹不用担心爬上陆地后有性命之忧。

珊瑚蟹

瓷蟹

瓷蟹

　　瓷蟹通常躲在沿太平洋海岸的石沼里，躯干只有5厘米长。瓷蟹有六对腿，其中很小的一对隐藏在尾巴的底部。瓷蟹腿上的绒毛可以粘附海底的泥土，有助于它们伪装成食肉动物。贻贝堆、海绵以及海藻丛都是它们的避难所。当受到食肉动物的威胁时，瓷蟹就会抛掉一条腿或爪来分散攻击者的注意力。当然，它们所丢掉的附肢还会再长出来。

百草蟹

　　百草蟹的模样与一般的螃蟹基本相似，也有八条腿和两只前螯。不同的是，它们的腿和螯上布满了尖锐的毛刺，呈半透明的粉紫色。这种蟹主要生活在我国海南的大洲岛上。大洲岛盛产野生中草药龙血树、金不换、草扣花等。百草蟹就是依赖岛上丰富的中草药慢慢长大，所以因此得名。

百草蟹

螃蟹	
门　纲：节肢动物门甲壳纲	
栖息地：海洋、淡水及陆地上	
分　布：世界范围	
食　物：已死的动物	
产卵数：一般为150000枚	
寿　命：长达60年	
大　小：可达1米	

招潮蟹

　　在热带沿海区域常栖息着一种怪蟹。当潮水将上涨时，它们会举起大螯以示欢迎，故名"招潮蟹"。招潮蟹的双眼长在两个长柄顶端，能俯视海滩。一遇到危险，它们便把眼柄横折入壳前的凹槽里，然后迅速逃入洞穴内。

椰子蟹

　　在太平洋和印度洋的岛屿上，每当夜幕降临时，椰子蟹就从洞穴中爬出来，去吃椰子里松软的果肉。它们能爬到树上，但更多的时候是寻找掉在地上的椰子。虽为陆生蟹，但雌椰子蟹会把卵产在海中。经过最初的生长阶段之后，幼蟹离开海水，像寄居蟹一样占据贝壳存身。

椰子蟹

蜘蛛

8条有力的足附着在头部。

蜘蛛

触角

绒毛用于感知震动。

在森林、草原、水边、石块下及室内，我们都可以发现蜘蛛的痕迹。蜘蛛约有3.5万种，遍布全世界。其身体呈圆形或椭圆形，分为头胸部和腹部，小小的头和膨大的腹部以腹柄相连。蜘蛛长有8只脚和1对触须，雄蜘蛛的触须顶端还有1个精囊。其腹部后端生有3对纺织器。蜘蛛丝就产自那里。

头部胸

腹部

蛛丝与蛛网

蜘蛛的每个纺织器都有一个圆锥形的突起，上面有许多开口及导管与丝腺相连。丝腺能产生多种不同的丝线。丝线是一种骨蛋白，在蜘蛛体内为液体，排出体外遇到空气就会立即硬化为丝。蜘蛛织网时专心致志，一般25分钟就能织成一个网。蛛网的黏滞性相当强，但因为蜘蛛身上有一层润滑剂，所以不会粘住自己。

漏斗蛛

漏斗蛛

漏斗蛛身体多毛，有长足；头胸部前方狭窄，有8只眼；腹部为卵圆形，有暗色条带、V形纹或斑点。腹部最后端的两个吐丝器分两节，比前端的吐丝器长。它们常在扁平的网的边缘做成漏斗状，并潜伏于此，故名漏斗蛛。漏斗蛛见于多种环境，包括草地、牧场、石块下等地。

蛛网

捕鸟蛛

形体巨大的捕鸟蛛

捕鸟蛛的体形较大，体表多毛，也叫食鸟蜘蛛。捕鸟蛛的体色通常从浅褐色到黑色，上有粉色、红色、褐色或黑色斑纹。它们有8只小眼，一起分布在背甲的前部。多数捕鸟蛛在夜间到地面捕食节肢动物和小型脊椎动物，如青蛙和老鼠等。捕食时，它们先用大型的螯肢将猎物压住，同时向猎物体内灌注消化液，然后才会享受大餐。捕鸟蛛有些物种生活在树上，多数在地下打洞。很多捕鸟蛛能活10～30年，有些体内有烈性的毒液。

跳蛛

跳蛛的身体娇小，但是却可跳出相当于身长的20倍距离。它们还有8只大眼和360度的视力范围，在走动和跳跃时通常会沿着一条生命安全线，以防走失或坠落。全世界大约有4000多种跳蛛，这些跳蛛都不结网。

跳蛛

水蜘蛛

蜘蛛是一种典型的陆栖节肢动物，但水蜘蛛是其同类中的唯一叛逆者——它们生活在水中。当它们潜入水中时，布满全身的防水绒毛就会附着许多气泡。水蜘蛛善于在水生植物之间吐丝结网。由于在网下储存了许多气泡，使原本展开的蛛网成了钟罩形，水蜘蛛便在网里安营扎寨，雌蛛还在其中产卵孵化。水蜘蛛拥有的气泡群不仅是储氧器，还能不断地从周围的水中吸取氧气。

水蜘蛛

地蛛

地蛛是一种原始的蜘蛛，主要分布在日本，最大的体长可达1.8厘米。地蛛栖息在土中，并在土中筑巢。它们多以活的小动物为食，如面粉虫、苍蝇、小球潮虫及蚯蚓等。当有猎物从地蛛的巢上经过时，它们能感觉到巢的震动，并能迅速地从巢里咬住猎物，将其拖入巢中享用。

地蛛

蟹蛛

蟹蛛因其急速逃走时的横向移动很像螃蟹而得名。这是一种非常漂亮的蜘蛛。它们的体表呈乳白色或柠檬色，腿上还有粉红色的环，背上镶着深红的花纹，有时在胸部还有一条淡绿色的带子。同时，蟹蛛还是一个筑巢高手，它们的巢像个顶针，袋口上还盖着一个又圆又扁的绒毛盖子，里面夹杂着一些花瓣。蟹蛛不会织网，只有等着一些小昆虫跑近时，用两对长满刺的前足抓捕猎物。

蜘蛛	
门 纲：节肢动物门蛛形纲	
分 布：除了极地以外的世界各地	
栖息地：森林、草场、沙漠、山区、洞穴、池塘和小溪	
食 物：昆虫、蠕虫，有些吃鱼、蜥蜴和鸟类	
种 类：35000	
产卵数：每次2～2000枚	

蜘蛛多以昆虫为食，是昆虫的天敌。

昆虫

　　昆虫是地球上数量最多、生命力最旺盛的一类动物。迄今为止，科学家们已经发现了近100万种昆虫。昆虫种类繁多，形态各异，但所有昆虫的身体都分头、胸、腹三部分。头部生有眼睛、触角和口器；胸部一般生有三对足和一至两对翅膀；腹部含有生殖器官及大部分的消化系统。

眼状斑纹

螳螂

头部构造

　　头部是昆虫身体最前面的一个体段，是感觉和取食中心。头部是由几个体节组合成的，外壁坚硬，形成头壳。头部的上前方有1对触角，下方是口器（嘴），两侧通常有1对大的复眼，头顶常有1～3个小的单眼。这些器官的形态因昆虫种类不同而不同。

昆虫的复眼多呈圆形、卵圆形或肾形。

单眼与复眼

　　昆虫的眼睛包括单眼与复眼，单眼又有背单眼与侧单眼之分。除了寄生性昆虫外，一般昆虫的成虫都有一对复眼，头顶上还有1～3个背单眼。复眼是昆虫的主要视觉器官，由许多六角形的小眼组成。复眼的体积越大，小眼的数量就越多，视力也就越好。

各式各样的口器

　　口器是昆虫的嘴巴。昆虫的食料有固体的，也有液体的，有暴露在外的，也有深藏在内的。因此，昆虫就有了各式各样的口器类型，如蝗虫的咀嚼式口器，蚊、蝉等的刺吸式口器，蝴蝶、蛾等的虹吸式口器，苍蝇的舐吸式口器，蜜蜂的嚼吸式口器等。

蝗虫的口器为典型的咀嚼式，有明显的上、下颚之分。

巧尽其用的足

足是昆虫的运动器官。昆虫一般有3对足，在前胸、中胸和后胸各有一对，称前足、中足和后足。昆虫的种类不同，习性不同，生活的场所也不同，因此足的形状发生了很大的变化：如瓢虫、天牛的为步行足，蝗虫、蟋蟀的为跳跃足，螳螂、猎蝽的为捕捉足，而蝼蛄的为开掘足，蜜蜂的为携粉足，龙虱、仰蝽的为游泳足，此外还有抱握足、攀缘足等。

蝗虫具有强劲有力的跳跃足，善跳跃。

形状多变的触角

多数昆虫在两只复眼的中上方都有一对触角。触角是昆虫主要的感觉器官，能够帮助昆虫寻找食物和配偶，并探明前方有无障碍物。有些昆虫的触角还有其他用处，如仰蝽的触角在水中能平衡身体，水龟虫则用触角来帮助呼吸。昆虫的触角形状多变，主要有线状、念珠状、锯齿状、栉齿状等。

多姿多彩的翅膀

一般的昆虫只有一对翅比较发达，如甲虫、蟋蟀的翅。甲虫类的前翅骨化程度较高，看不到翅脉，形成了鞘翅；蝗虫、蟋蟀等昆虫前翅骨化程度较低，革质而半透明，称为直翅（复翅）。蝽类的前翅仅基部半骨化，称为半鞘翅；蝶与蛾的透明膜翅上覆盖有色彩斑斓的鳞片，因此称为鳞翅；石蛾的翅上生有很多毛，称为毛翅等。

触角

美丽的鳞翅

蝴蝶

瓢虫

骨化的鞘翅

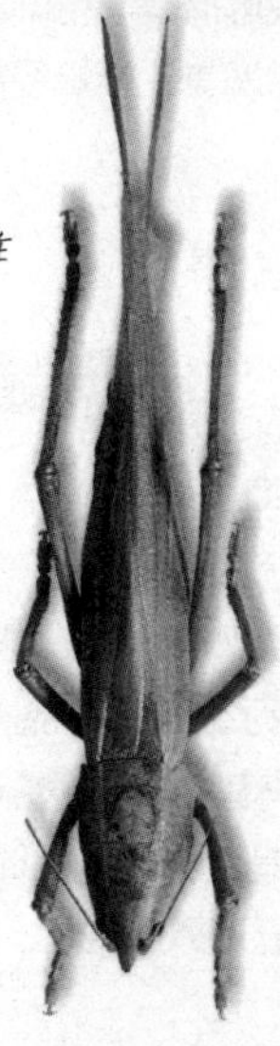

尾须的作用之一，是可以帮助某些昆虫在跳跃中保持平衡。

尾须及其功能

尾须通常是1对须状的突起，着生在第11腹节转化成的肛上板和肛侧板之间的膜上。尾须只在低等的昆虫，如蜉蝣目、蜻蜓目等昆虫中较为常见，并且形状、构造等差别较大。蝗虫的尾须如刺状，不分节；蜉蝣、衣鱼等昆虫的尾须呈细丝状，分成许多节。昆虫的尾须上常有许多感觉毛，是感觉器官。但铗尾虫和蠼螋的尾须硬化，形如铗状，用以防御；蠼螋的细状尾须还可以帮助折叠后翅。

小个头的大力士

有些物种的昆虫虽形体较小，但其拖拉力和抓力却很惊人。一只仅有6克重的小甲虫，能用足拖动1.093千克的重物；一只蚂蚁能轻而易举地把超过其体积和重量1400倍的食物拖入自己的巢中；一只大蠼螋体重仅有0.5克，却能拖动265克的重物。

蜻蜓和豆娘

蜻蜓目的蜻蜓和豆娘为人们所熟知。这类昆虫的头部都生有咀嚼式口器、较短的触角以及很大的复眼。豆娘的头部横宽，双翅大小基本相等，而蜻蜓的头部呈圆形，后翅比前翅宽阔。停息时，豆娘的四翅叠立于体背，蜻蜓的四翅则平展；豆娘一般等待猎物的到来，而蜻蜓则在空中捕捉猎物。

翅膀是透明的，靠纤细的翅脉支撑着。

复眼

蜻蜓

古老的昆虫

蜻蜓在有翅昆虫中是最原始的一类。从距今2.8亿年前的化石标本中可以得知，在古生代后期，地球上就曾有一种超大型的蜻蜓，它们的双翅展开可达70厘米左右，像鹰一样。

古老的巨型蜻蜓

敏锐的大眼睛

蜻蜓的头顶有一对亮晶晶的大眼睛。这对复眼给了它们非常敏锐和宽广的视觉。因为眼睛大，而且生在头部最前端，并且它们的每一只复眼都是由1万多只小眼组成的，所以蜻蜓能够在飞行时看清身体周围和下方的一切物体，便于侦察一切动静。眼睛是蜻蜓的重要器官，为了随时保持敏锐的视觉，蜻蜓经常停下来，用脚清除附着在眼睛表面的尘埃。

蜻蜓的复眼由上万只小眼构成，在昆虫中是最多的。

巡逻

长大后的雄蜻蜓，经常在池塘、小河等环境的周围以及森林、原野等领域内占据地盘。所占领的地盘，不仅在水池、河流的附近，而且也包括森林、原野等领域。为了划清界线，雄蜻蜓经常在已定好的路线上往返飞行，这叫做巡逻飞行。雄蜻蜓的领域性很强，偶尔有其他的雄蜻蜓或别的种类的蜻蜓侵入，它们就会立即追赶驱逐。同时，地盘内也是适于交尾的地方。当雌蜻蜓进入地盘后，雄蜻蜓就会追逐并与之交尾。

蜻蜓腹部狭长，由10多节连接而成。

后翅

前翅

阔翅豆娘

阔翅豆娘是豆娘中相对较大的一类。它们的翅形从基部逐渐加宽，因而无明显的翅柄。翅为暗色，但雄虫的翅基处可能有亮丽的红色标记，或在其他区域有黑色条带。阔翅豆娘通常将卵产于多种水生植物的组织内。一只雌虫一次最多可产300粒卵。

阔翅豆娘

蓝豆娘

蓝豆娘看上去十分娇弱，但实际上非常健壮，它们适应环境的能力也比较强。普通蓝豆娘能在−30℃的北极苔原地区生活。成年普通蓝豆娘经常以生活在植物上的小昆虫为食。它们将卵产在水生植物的茎中。而幼虫通常要在水下待1年左右。

蓝豆娘

细长的腹部，能显著地与蜻蜓区分。

白粉豆娘

巨豆娘

白粉豆娘

白粉豆娘是豆娘中体形最小的一类，约有2厘米长。白粉豆娘主要出现在每年的3～12月。雄虫在未性成熟前，体色以黄绿色为主，腹部末端则为橙色。其成熟后，腹部末端的橙色部分变为黑色，头、胸部会生出浓密的白粉，故名为白粉豆娘。雌虫未性成熟的个体为红色，成熟之后变为绿色。

腹部细长，由许多节连接而成。

巨豆娘

巨豆娘有很长的腹部，因此又有"直升机豆娘"之称。除了与其他豆娘一样，在翅的前缘有翅痣外，巨豆娘还有延伸数个翅室的斑带，前后翅的斑带时有差异。在繁殖季节，雌虫产卵时有个特点：那就是一个地方产一粒，或产在树洞中，或产在水中，而后将卵集结于水生植物的叶内。在有的种类中，雄巨豆娘还会看护产卵的地方，保护自己的子女。

尾部能喷出蚁酸，可杀死昆虫。

细腰

长长的触角

蚂蚁

蚂蚁

　　蚂蚁和蜜蜂、黄蜂属于同一
类动物。蚂蚁的胸部和腹部之间
生有细细的"腰"，并且通常生有
螫针。蚂蚁没有翅膀，但有许多物
种在繁殖季节会长出翅膀。蚂蚁食性较
杂，有的是食肉动物，有的是食草动物，还有一些属
于食腐动物，收集任何可以吃的东西为食。蚂蚁多数群居。群体中通常只有一
个雌性能够产卵，被称为蚁后，其余成员则履行着其他各种不同的职责。

食肉军蚁

　　蚂蚁一般被认为是动物王国中的弱者。但是，蚂蚁家族中的食肉军
蚁却比狮子、老虎等猛兽更可怕。食肉军蚁常常由几十万或几百万只组成一
支浩浩荡荡的大军。在行进途中，它们几乎是横扫一切，将庄稼、荒草、树皮啃食
一光，甚至所遇到的大小动物都无一幸免。这种蚂蚁有巨大的如锋利的剪刀一般的
颚，能将昏睡不醒的大蟒蛇和拴着的羊在几个小时内啃食干净。所以，人们称这种
食肉军蚁为"棕褐色的小魔鬼"。

探路中的蚂蚁

大蚁

　　大蚁生有硕大的颌和有力的螫针，个头很
大，非常凶猛。受到威胁时，它们会径直冲
向敌人，有时能从地面上跳起30多厘米。
大蚁生活在较小的群体中，每个蚁群
通常有不到1000个成员。同多数蚂
蚁一样，大蚁群中也有收集食
物、建造蚁穴的工蚁和保卫蚁
穴的兵蚁。它们通常以花蜜和
其他昆虫为食。

貌似渺小的食肉军蚁，是
动物界中最可怕的动物之一。

南美切叶蚁

南美切叶蚁生活在热带雨林地区。它们会在地下挖洞，建造宽敞的蚁穴。晚上，南美切叶蚁会待在穴中，黎明时蜂拥而出，爬到树顶切取树叶。一般情况下，切叶蚁会沿着地面上早已经踩出来的老路回家，有时也会遵循开路蚂蚁留下的气味返回家园。南美切叶蚁并不吃切下的树叶，而是把这些树叶当做种植真菌的肥料。

南美切叶蚁

裁缝蚁

裁缝蚁

裁缝蚁是生活在热带地区的一类蚂蚁。它们的建巢方式十分奇特。它们将植物的叶子并拢后做成一个个的小室，然后用有黏性的蚁丝将两片叶子粘在一起。蚁丝是由裁缝蚁的幼虫制造的。做巢时，每只工蚁叼着一只幼虫，幼虫在两片叶子间的缝隙中来回爬动，在上面留下弯曲的一根根丝线，将树叶缝住。裁缝蚁主要以树上的小昆虫为食。受到惊扰时，裁缝蚁极具攻击性。

贮蜜蚁

生活在干燥地区的昆虫必须寻找一种合适的方法帮助自己度过干旱季节。贮蜜蚁利用种群中工蚁贮存的水分和食物就能够很轻松地应付这一问题。它们终生生活在地下，倒挂在蚁穴之中。雨季，工蚁的肚子内装满花蜜和一种以树汁为食的昆虫制造的蜜露。干旱季节，它们排出食物，帮助整个蚁群渡过难关。

贮蜜蚁

褐蚁

褐蚁多在欧洲四季常青的森林中筑巢。它们的巢多建在成堆的树枝和松针下面。与其他蚁群不同的是，褐蚁的巢穴里常常住着好几个蚁后。褐蚁的体形较大，最大的有1厘米左右。它们没有螫针，但颌十分厉害，能向敌人喷射甲酸。褐蚁主要以小昆虫为食。

褐蚁

蜜蜂和黄蜂

蜜蜂和黄蜂是昆虫中最高级的物种。它们有窄而透明的翅膀，在胸部和腹部间有细细的"腰"，并通常生有螫针。除黄蜂幼虫外，它们多数以花蜜为食。蜜蜂和黄蜂生活在有组织的社会群体中，有复杂的行为和高效的联系方式。群体中通常只有一只雌性蜂产卵，称"蜂后"，其余成员大部分是工蜂。它们照料幼蜂，建造和修理蜂巢，收集食物，是蜂群中最辛劳的。

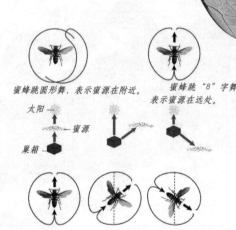

多毛的胸部

蜜蜂

大型复眼

光滑的腹部

轻薄透明的翅膀

舞蹈中的信息

蜂群中，负责寻找蜜源的工蜂为了采集百花蜜，能飞到几千米远的地方。当找到蜜源后，它们会迅速飞回蜂巢，通过舞蹈向其他工蜂传达蜜源的信息。蜜蜂不同的舞姿代表不同的含义：蜜蜂跳"8"字舞，说明蜜源背着太阳方向，跳舞时头会向下；跳圆形舞，说明蜜源离蜂巢不太远。蜂巢里的工蜂得到关于蜜源的消息后，就会朝着蜜源飞去。

蜜蜂跳圆形舞，表示蜜源在附近。

蜜蜂跳"8"字舞，表示蜜源在远处。

太阳

蜜源

巢箱

特殊的巢室

蜂巢由六边形的巢室组成，筑于树洞或养蜂人提供的蜂箱里。它们的巢往往分为几个小室。巢室里有卵、幼虫，还有它们储存的食物——花粉和花蜜。蜂房边缘悬挂着一个特殊的巢室，是供培育未来的蜂后而建的。蜂后巢室里的幼虫被喂以王浆，享受特殊的待遇。而工蜂幼虫只有几天能吃到王浆，之后就以花粉和花蜜为食。

工蜂腹部的蜡腺，可分泌蜡筑成蜂巢。

胡蜂

胡蜂俗名黄蜂，体色为黄、黑相间，非常醒目。其大颚犹如虎牙一般；腹部末端生有具高度危险性的螫针。胡蜂的食物主要以昆虫、其他小动物及植物果实为主。当它们捕捉猎物时，先以螫针刺入对方体内，使其麻痹，然后再掳回巢中供幼虫取食生长发育所需的营养。胡蜂的螫针非常危险，但它们通常不会攻击人类。

胡蜂

切叶蜂

切叶蜂因常从植物的叶子上切取半圆形的小叶片带进蜂巢而得名。其外形与蜜蜂极相似，但腹部生有一簇金黄色的短毛。切叶蜂常把蜂巢建在空心的树干中，或在建筑物的缝隙中，甚至在反扣的花盆中。在蜂巢内，切叶蜂把叶子卷成一个个小包，在每个里面都放上一些花粉和一粒蜂卵。由于它们经常破坏玫瑰和其他各种植物，所以也成了人们厌恶的一类昆虫。

切叶蜂

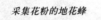

采集花粉的地花蜂

地花蜂

地花蜂不同于蜜蜂，它们多数为独居动物，从不群居。春季，雌蜂在松软的土壤中挖洞产卵，并在其中储存食物（为孵化后的幼虫提供所必需的营养物质），之后将洞口封好飞走。幼虫自我孵化，最后变成成蜂从地下爬出来。地花蜂有上百种，多栖息在草坪上和干燥的地下。

无苴大黄蜂

无苴大黄蜂是欧洲最大的黄蜂之一，主要栖息于炎热、阳光充足的多光地带。其外形可怕，但大都无害。通常，雄蜂比雌蜂小，头部是黑色的。无苴大黄蜂蜂翅上多带有金属光泽，在腹部生有红色的苴毛，腹部的黄色斑点往往形成两条纹路。成蜂以吸食花蜜为生，其幼虫却是犀金龟的寄生虫。

蜜蜂	
目　科：膜翅目蜜蜂科	
栖息地：陆地，包括沙漠、雨林和林地	
分　布：除南北极的世界各地	
食　物：花蜜和花粉	
产卵数：每次可达1000枚	
寿　命：8～10个月	
大　小：可达6厘米	

无苴大黄蜂

姬蜂

姬蜂体形较瘦，头部有一对细长的触角，尾后拖着3条宛如彩带般的长丝，再加上2对透明的翅膀，使得这种蜂犹如蜂中仙女，所以就有了"姬蜂"的美称。姬蜂体色大多数为黄褐色，但尾后的长带只有雌蜂才有。姬蜂在幼虫时期都是在其他昆虫的幼虫或蜘蛛等体内生活，以吸收这些寄主体内的营养，满足自己生长发育的需要。

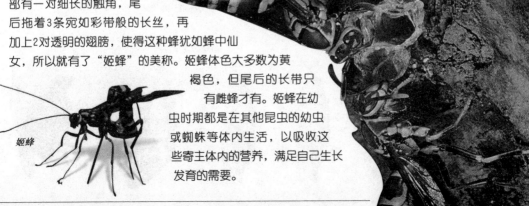

姬蜂

蝴蝶

　　蝴蝶的种类相当多，有些颜色黯淡，不太引人注意，但多数蝴蝶生有颜色鲜艳的翅膀。蝴蝶身上有一层细小的鳞片，鳞片扁平，相互交错，如同屋顶上的瓦片。许多种蝴蝶以花蜜、水果以及植物的汁液等液体为食。它们生有长管状的口器，可以伸入花中觅食，因此我们常见到有蝴蝶在花丛中翩翩飞舞。

生命的周期

　　蝴蝶的卵孵化之后，会经历幼虫、蛹、成虫三种变化。春夏时期，这种生命的循环会出现好几次。它们有着适应环境的各种特性，通常以蛹的形态度过寒冷的冬天。在某些温暖地区，则以幼虫的形态过冬。

蝴蝶	
目　科	鳞翅目
种　类	15000种
栖 息 地	陆地上，包括雨林、山脉和沙漠
分　布	除南极洲之外的各洲
食　物	毛虫、绿色植物、含糖的液体
产 卵 数	每次可达1000枚
寿　命	不到1年
翅膀长度	1～29厘米

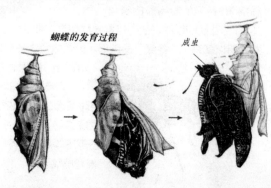

这只艳丽的蝴蝶刚刚从蛹中出来，这一过程叫蜕变。

虎凤蝶

　　虎凤蝶是一种极善飞行的蝴蝶，它们的每个后翅上都有一条长长的"尾巴"。虎凤蝶翅膀的颜色也很特别，上有白、黄、橘、红、绿或蓝色的条纹、斑点或斑块，飞舞时显得非常绚烂。在繁殖季节，雌蝶会把卵产在植物组织内。幼虫就在寄主植物上化蛹。虎凤蝶在全世界分布广泛，特别在温暖的地区尤为常见。

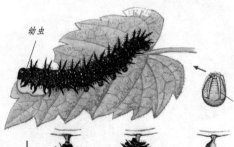

幼虫

卵

蝴蝶的发育过程

成虫

蛹

燕尾凤蝶

　　燕尾凤蝶分布在除北极以外的世界各个地区。这种蝴蝶因为后面的翅膀延伸出去，像燕子的尾巴一样，因而有了这个名字。燕尾凤蝶的色彩格调各异。多数蝴蝶在彩虹一般的黑色、蓝色、绿色等背景上，有着黄色、橙色、红色或者蓝色的花纹，且雌性和雄性蝶的条纹都随着季节的更替而变化。

像燕子一样的尾巴

触角

燕尾凤蝶

复眼　足

青带凤蝶

　　青带凤蝶是最普遍的中型凤蝶，飞行速度很快。青带凤蝶的翅膀中央有许多浅蓝的斑点，很整齐地排列成一条直线。这些斑点由上而下逐渐变大，就像一条青色的带子。雌性青带凤蝶在形态、色彩上无明显特征。雄性青带凤蝶后翅内部生有密密的白色长毛。

青带凤蝶

玉带凤蝶

　　玉带凤蝶又被称为白带凤蝶、黑凤蝶等。其得名是因为雄蝶翅中部有一串如玉带般横贯全翅的白色斑纹。玉带凤蝶通体黑色，胸背有10个小白点，成两纵列。雄蝶前翅外缘有7～9个黄白色斑点；雌蝶后翅近外缘处有半月形深红色小斑点，有的后翅外缘内侧有横列的深红黄色半月形斑。它们的幼虫以桔梗、柑橘类、花椒等芸香科植物的叶为食，因此一直被当做农业生产的害虫。

玉带凤蝶

绿带翠凤蝶

　　绿带翠凤蝶又名琉璃翠凤蝶。其前翅表面有鲜艳的金绿色鳞片，前翅外缘由金绿色鳞片密集形成带状纹，并与后翅中部密集的金蓝色鳞片带状纹相连接。这种蝴蝶常沿山溪水道飞行，主要分布于日本，朝鲜，我国东北地区、河北以及北京等地。

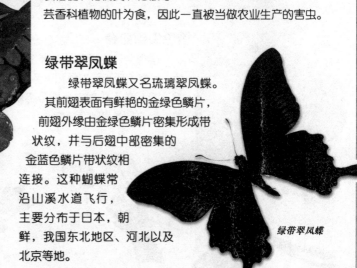

虎凤蝶

绿带翠凤蝶

阿波罗绢蝶

阿波罗绢蝶

阿波罗绢蝶以其秀丽清雅的外形而备受人们喜爱。它们的白色翅膀近半透明状，每个前翅有五个大黑斑，后翅各有一个大而鲜明的红斑，红斑中心为白色，边缘围以黑边，更增添了绢蝶的娇美。阿波罗绢蝶生活在高山地区，有很强的耐寒能力。有时它们会在雪线上活动，飞翔时缓慢，紧贴地面，因而较易捕捉。

黑脉金斑蝶

黑脉金斑蝶

黑脉金斑蝶，又称王蝶，是一种黑色与橙色相间的大型蝴蝶。它们的飞行能力让人惊叹。在北美，它们每年要在墨西哥的冬季住所和南方遥远的繁殖地之间来回飞行3000多千米。夏末，黑脉金斑蝶返回南方躲避寒冷的冬天，它们常会挤在同一棵树上过冬。黑脉金斑蝶能从它们所吃的马利筋等植物中吸取毒汁并储藏在体内。它们体表鲜艳的颜色常对敌害起到一定的警戒作用。当难以将敌人吓走时，它们会选择与敌人同归于尽。

菜粉蝶

菜粉蝶可能算不上是世界上最漂亮的蝴蝶，但却是生命力最顽强、数量最多的蝴蝶之一。它们的幼虫以卷心菜及类似的植物为食。菜粉蝶原产于欧洲，由于它们的繁殖速度十分迅速，又加上其顽强的生命力，从而使其数量大增。如今，除南极洲之外，各大洲都能见到这种蝴蝶。

浅色翅上的暗色斑纹

橙色尖翅粉蝶

橙色尖翅粉蝶是菜粉蝶的亲缘动物。其雄蝶的前翅翅尖呈鲜橙色，雌蝶的翅膀呈白色和灰色。橙色尖翅粉蝶以类似卷心菜的植物为食。它们的毛虫对农作物危害较大。刚刚孵化后的毛虫常以同类为食，吃光同类后则吃植物。

这是一只小菜粉蝶，它正在贪婪地汲取食物。

菜粉蝶

橙色尖翅粉蝶

眼蝶

这类颜色黯淡的大蝴蝶是黄昏棕蝶的近亲。眼蝶一般在草地上产卵。与众不同的是，它们有时还在飞行中产卵。眼蝶毛虫呈嫩绿色，这种体色便于它们在觅食时进行伪装。眼蝶前翅上有眼点，这也是它们名字的由来。它们的眼点太小，不能将敌人吓跑。但眼蝶常用它们作伪装，引诱鸟类去啄击眼点而放过它们的身体，从而获得逃生的机会。

眼蝶

眼点

蓝色大闪蝶

世界上大约有50种大闪蝶，都产在美洲热带地区。蓝色大闪蝶中，雄性远比雌性漂亮。雄蝶美丽的颜色是由鳞片表面上的小隆起产生的。这些细小的隆起能以一种特殊的方式反射光线，使得它们的翅膀呈现出一种有金属光泽的蓝色，看上去光彩夺目。当它们在所栖息的雨林中来回飞行时，翅膀会在太阳下闪闪发光。而雌蝶翅膀上的蓝色通常较浅，有些物种还呈现橙色或棕色。

蓝色大闪蝶

枯叶蝶

顾名思义，枯叶蝶可以变得如同枯叶一般。实际上，它们的翅膀背面颜色鲜艳，在空中拍打、翻飞时显得很漂亮。当停息在树枝上时，它们的两只翅膀合拢起来，翅膀的腹面向外，颜色几乎与枯叶完全一致，使它们看起来就像枯叶一样。更令人称奇的是，它们翅膀腹面的花纹可以模仿所栖息树木上的叶脉结构和花纹，翅缘还有枯叶一样的锯齿状。

枯叶蝶

88蛱蝶

88蛱蝶

在美洲热带海拔800米的山地中，有一种数字蝴蝶，它们的翅膀表面呈淡棕色，其后翅背面生有类似阿拉伯数字"88"的花纹，因而常常被称为88蛱蝶。世界上有30多种蝴蝶与88蛱蝶有亲缘关系，它们大多生活在南美洲的热带雨林里。

甲虫

　　甲虫是昆虫家族中较大的一群，大约有30万种。从极地到雨林，几乎各种栖息地都有它们的踪迹。所有的甲虫都生有坚硬的前翅，称为鞘翅。鞘翅合拢时，并在一起能将甲虫的腹部盖住，并像外壳一样罩住后翅。这样，甲虫就可以四处爬动，而不会损伤用来飞行的后翅了。

触角敏感，能感知身体周围的障碍物。

鞘翅坚硬，保护着柔软的腹部。

甲虫

脚上的锯齿状突起，有利于抓住猎物。

正在捕食的龙虱

龙虱

　　龙虱是一种大型甲虫。它们有两对翅膀。前翅质地坚硬，静止的时候覆盖在后翅上面，好像鞘一样，所以叫鞘翅；膜质的后翅有飞行能力。在鞘翅和腹部背面之间有一个扁平的气腔。当龙虱吸足气潜入水中时，会边吸入氧气边排出二氧化碳，同时在腹部尾端形成一个气泡。龙虱只要背着这个气泡，就可以长时间在水下活动。龙虱通常在夜间捕食。它们潜伏在水草中，等小鱼游过来时，会突然扑上去，将猎物捉住。

吉丁虫

吉丁虫

　　多数吉丁虫体表呈亮闪闪的金属绿、红或蓝色，并有条带和斑点。它们的体形微扁，向后逐渐尖细，有很大的复眼和短的触角。它们的卵产于树木内。而多数种类的幼虫会蛀出一条卵圆形的隧道，以进入死树或将死的树内。有些种类的吉丁虫在中足的基部有热感应器，可探测到刚烧过的森林。吉丁虫也是世界性分布，主要在热带地区，常见于树林和森林中，以花、花蜜和花粉为食。

步甲

　　步甲的头部细长，腹部肥大扁平，体形看起来很像一把小提琴。它们的体色通常呈褐色或黑色，并有金属光泽，鞘翅上有明显的条痕。多数种类的步甲属夜行性的猎手，取食昆虫幼虫和蜗牛等。少数物种能从腹部末端排出一股热而有腐蚀性的物质，用来驱赶捕猎者。步甲为世界性分布，常见于地面上、石头或原木下。

步甲

埋藏虫

埋藏虫是"大自然的清道夫"。它们的嗅觉很灵敏，当附近有小动物死去时，它们能很快找到尸体的位置，然后在飞行中以翅膀的振动声为信号，招来大批同伴，巧妙地将尸体埋起来，同时在尸体上产下卵。埋藏虫种类较多，有些种类全身为黑色，有些则为黑、红色相间。

埋藏虫

锹甲

锹甲

锹甲头大，上颚发达，长相很吓人，但对人类和其他动物并不构成威胁。锹甲大部分是黑色或褐色，一般生活在林地里，在热带地区较常见。它们主要以树液或其他液体为食。雄锹甲是一种好斗的昆虫，它们常为争夺异性而打斗。在这种情况下，它们就很容易被鸟类等天敌掠食。

好斗的雄锹甲

龟甲

龟甲

龟甲有像乌龟壳一样的胸部和鞘翅。这些部位向上隆起，保护着它们的头和足。龟甲通常体色鲜艳，有时还有金属光泽。绿龟甲的颜色翠绿，当它们趴在植物的叶子上时，很难被人发现。这类甲虫主要以植物的叶子和嫩芽为食。

独角仙

独角仙俗称兜虫，属于大型甲虫。它们的身体粗壮如牛，体壁坚硬，样子好像一辆黑褐色的坦克，爬行时神气活现。雄虫的头顶上长有一个像犀牛角那样的长角，触角分节，末端又分叉成许多片，呈鳃叶状；前胸背板处还有1个棘状突起。而雌性的突起也多为棘状。独角仙广泛分布在我国各地，食性很杂，除危害菠萝、荔枝、龙眼、柑橘、芒果、无花果等果树的果实外，还能咬食豇豆、刀豆、羊角菜等多种作物。

坚硬的鞘翅

用于飞行的膜翅

独角仙

突出的复眼

蝉

有光泽的膜质翅

蝉

　　蝉属于同翅亚目昆虫，体形多样，大的可达80毫米。蝉的形态变化极多，多数种类有一种能分泌蜡质的腺体。它们的口器为刺吸式，能吸食植物的汁液，可危害植物的生长，有些种类还会传播植物的病害。蜡蝉、角蝉等与蝉一样属于同翅亚目昆虫。

蜡蝉

后翅的艳丽色彩

蜡蝉

　　和大多数蝉不同的是，蜡蝉的头细长并且外形奇特。在停栖时，蜡蝉的体色能与环境融为一体。如果被打扰，它们后翅上的眼斑会闪现，以阻止捕猎者。蜡蝉通常将卵产在寄主植物上，由保护性的分泌物包围着。这种昆虫主要分布在热带和亚热带地区，常见于生长植物的环境中。

飞行中的蝉

蝉	
科　目：同翅目	
栖息地：陆地、淡水的广大区域	
分　布：南极洲外的所有大洲	
食　物：植物的汁液	

刺突

角蝉

　　角蝉一般在树上生活，多数体色呈绿色、褐色或黑色。不过有的种类有鲜艳的色彩。它们与其他昆虫的区别在于：前胸背板的形状有的为刺突，这使得它们不易被捕食者捕食；有的为大型的复杂结构，可作为有效的伪装。角蝉通常集体取食，吸食植物的汁液，同时把卵产在植物组织内。

角蝉

[第二章]

Part2··

鱼

在人类已知的脊椎动物中，鱼类大约有45000种，但几乎有一半的鱼类已绝了。鱼类是最古老的脊椎动物，大约出现于5亿年前。最原始的鱼类是没有颌的，因此我们叫它们无颌鱼。无颌鱼曾有过相当繁盛的时期，目前只剩下两个种类：盲鳗和七鳃鳗。在大约4亿年前的泥盆纪，有颌鱼类开始出现在地球上，后来渐渐进化成了软骨鱼和硬骨鱼。鱼类广泛分布在世界各地的海洋中，包括冰冷的极地海洋及温暖的热带海洋。它们也生活在河、湖、池塘，甚至漆黑的地下河流等淡水中。鱼靠有力的尾部和鳍在水中活动。鱼类生存需要氧气，但它们不用游到水面呼吸，在水下靠鳃就能获得氧气。

鱼

在生物学上，鱼类分为三大纲：一
是圆口纲，即无颌鱼，它们的骨骼全为
软骨，没有上下颌，常见的只有盲鳗目和
七鳃鳗目；二是软骨鱼纲，其内骨骼全为软
骨，具有上下颌，头侧有5～7个鳃裂，全世界

美丽的热带海鱼

均有分布，如常见的鲨鱼、鳐鱼等；三是硬骨鱼纲，是一种适应各种环境生活
的鱼类，湖泊溪流、江河大海、地下溶洞都有这一类鱼的分布。

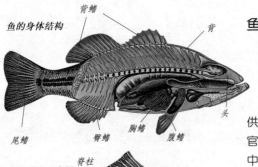

鱼的身体结构

背鳍　背
尾鳍　臀鳍　胸鳍　腹鳍　头

鱼的身体结构

鱼的身体结构和其他动物有很多相似之处。
但为了能适应水中的生活，它们还需要一些独特的
器官。鱼类用鳃在水下呼吸。氧气从水里穿过鱼
鳃上的薄膜进入血液，然后传遍全身，给肌肉提
供能量。多数的硬骨鱼都有气球一样的叫做鱼鳔的器
官，里面充满了气体，像一个体内救生圈，使鱼在水
中保持平衡。

鱼的骨骼示意图

脊柱　头盖骨
鳍条　肋骨　胸鳍骨　胃

*巨大的胸鳍，
是某些鱼类主要的
游动工具。*

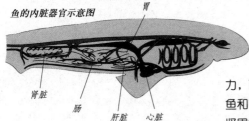

鱼的内脏器官示意图

肾脏　肠　肝脏　心脏

游动的方式

很多体形较长的鱼（如角鲨），通过摆动全身
和尾来游动。这种呈S形的摆动给周围的水向后的
力，而水也同样给鱼向前的力，从而使它们向前游。皇带
鱼和带鱼则通过摆动它们的背鳍上下游动。有些身上披着
坚固铠甲的鱼，通过拍打胸鳍来游动。

水感

鱼类能通过它们的特殊感官——侧线感受器来预测水流、敌人及猎
物的动向。分布在鱼体两侧、充满体液的侧线管掩藏在鱼的皮肤下。来
自水的振动能引起侧线管内黏液的变化。这种变化再经神经末梢转化为神
经信息，并被迅速传送到鱼的大脑。

天使鱼

鱼的视觉

　　鱼类的视觉与陆生脊椎动物不同，它们不改变晶状体的形状，而是改变晶状体的前后位置而形成视觉。许多硬骨鱼与软骨鱼不同，它们看东西是有颜色的。生活在水中的四眼鱼有着独特的眼睛。它们能够将眼睛协调分配，同时看到水中和空中的情景。

四眼鱼

保护色

　　很多鱼都会用颜色来保护自己，或为了伪装，或进行自卫。如丑鳅的暗色斑纹与湖底植物丛的颜色非常相近；钳口鱼的尾部有眼睛一样的斑纹，当天敌被假象迷惑时，它们就会趁机逃走；有些鱼鳞片呈散落状，给人一种比较脏的感觉，比如古巴鲥鱼。总之，保护色是一种能使鱼类继续生存的本领。当然，也有些鱼用色彩来声明：这是我占领的地盘。

小丑鱼体色艳丽，与其栖息环境极为相似。

鱼类的洄游

　　鱼类在水中的运动，大体可分为两种：一种是没有一定的方向性和周期性，称为"不定向移动"；另一种是有目的的运动，时间和距离相当长，有一定路线和方向，而且在一年或若干年中的某一时间内，某些环境条件下，做周期性的重复，形成"定向移动"，这就是通常所说的洄游。大麻哈鱼和鳗鱼是洄游现象比较典型的例子。

鱼群

洄游的原因

　　鱼类洄游的原因很多，首先是外界环境发生了变化。鱼类在水中生活，其活动受到温度、水流和盐度等因素的影响。一般，当水温发生变化的时候，鱼类就要寻找适于生活的环境，从而产生洄游。由于它们身体两侧的侧线感受器官对水流的刺激尤为敏感，所以能帮助鱼确定水流的速度和识别方向。

鱼类的繁殖

　　鱼类大多是产卵繁殖。鱼产卵后，多数对其后代的生存置之不理，因此，只有百分之几的小鱼能长成大鱼。但鱼类中也有个别关心后代成长状况的。如雄刺鱼在雌鱼产卵离去后，会亲自在巢中护卫鱼卵。幼鱼孵化出来后，雄鱼仍然在一定的时间内呵护它们的成长。

鲑鱼的受精卵

即将孵化的鲑鱼卵

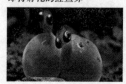

刚孵化出来的幼鲑

幼鲑

鲨鱼

鲨鱼是最有名、最令人恐惧的软骨鱼。世界上共有340多种鲨鱼。它们一直保持着史前动物的种种特征，如有软骨骼，在颌部的两边有许多鳃裂。鲨鱼口中有几排并列的呈锯齿状的牙齿，当外边的牙齿脱落后，里边的牙齿就会突出来。鲨鱼是海洋中有名的杀手，也是人类航海中的危险动物。不过，并非所有的鲨鱼都攻击人类。目前所知道的只有32种鲨鱼会对人类发起进攻。

垂直的背鳍

鲨鱼

裂口状的鳃裂

胸鳍与飞机副翼的工作原理相同，能帮助鲨鱼改变方向。

大白鲨

大白鲨是深海中最危险的动物之一。除了人类，没有任何动物能捕食它们。大白鲨可以轻易地将猎物咬成两半。由于喜欢猎食人类和其他动物，因此它们被称为"噬人鲨"。一般成年大白鲨的体长有7～8米，有的可达12米。它们的嘴巴很大，锋利的牙齿向内侧长，边缘还长有小锯齿。当它们的第一排牙被磨损后，还会长出第二排牙。

大白鲨

成排的鳃裂

鲸鲨

鲸鲨因为身体巨大像鲸鱼，所以叫鲸鲨，是世界上最大的鱼，身长有20米左右，体重约20吨。鲸鲨身体呈灰青色，上面有排列成行的淡色斑点。鲸鲨虽身体巨大，可是它们的牙齿很小，只能吞食海洋里的小生物。鲸鲨不会伤人，而且性情还很温顺，可供观赏。

鲸鲨

蓝鲨

具有流线型体形的蓝鲨是世界上分布最广的鲨鱼之一，其体长约有3.8米，胸鳍长而弯，因此，蓝鲨追捕猎物时，可以在水中翻转。蓝鲨有着"食人鲨"的恶名，而且它们常常袭击渔网，吃网中的鱼，给渔民们制造麻烦。蓝鲨常在近海进食，有时也在远海活动，它们常常是成群结队的活动。蓝鲨也袭击并能制伏其他鲸鱼以及其他比它们大的鱼类。

蓝鲨

虎鲨

虎鲨

　　虎鲨全长可达7米，它们比其他任何鲨鱼都更容易袭击人类。虎鲨几乎能袭击和吃掉任何东西，不管是海龟、其他鲨鱼，还是捕龙虾的篮子或旧油桶。幼年时，虎鲨身上有条纹图案。但随着它们的成长，图案会逐渐消失。虎鲨居住在近海或远海，能直接产下幼鲨。

护士鲨

　　护士鲨躯体庞大，身体多呈褐色，主要分布在西太平洋及印度洋附近的沿岸海域。护士鲨以无脊椎动物为食，性情比较温和，对人类没有生命威胁。与其他鲨鱼不同的是，护士鲨用吸食方式进食，吸力相当于12台吸尘器。其鼻孔前缘有一对会颤抖的鼻须，能够帮助它们侦测食物的位置，然后一鼓作气吸进猎物。

尖嘴鲨

尖嘴鲨

　　尖嘴鲨的学名是以埃及光明女神——伊希斯来命名的。其腹部有许多发光器官，可以在黑暗中发出光亮。它们常利用这种光亮，吸引鲸鱼之类的猎物自动送上门来。尖嘴鲨的牙齿非常锋利，可以从大型鱼类、鲸鱼、海豹、海豚身上咬下大块的肉来享用。

双髻锤头鲨

　　双髻锤头鲨有着典型的鲨鱼身材，但头部两边各长有长长的褶叶。双髻锤头鲨游水前进时，会不时左右甩头。这样做能使位于头锤顶端的眼睛获得更宽广的视野。双髻锤头鲨的头部还分布有许多感觉孔，专门用来侦测猎物发出的微弱电流。

双髻锤头鲨

鳗鱼

　　鳗鱼又叫鳗鲡，俗称狼牙鳝。鳗鱼的体长能达60厘米，呈圆筒形；背侧为灰褐色，腹部呈白色。它们的背鳍长得与尾鳍相连，无腹鳍，身体像蛇一样，这使它们看上去和其他鱼差别很大。鳗鱼一生中的大多数时间栖息在江河里，但在繁殖季节要洄游到海里产卵。幼鱼孵化出来之后再游回江河，能在2～3年内发育成幼鳗。

鳗鱼

欧洲鳗

　　欧洲鳗体形粗壮，体色黯淡。它们一生多数时间在淡水中度过。欧洲鳗通常在天黑以后捕食，猎物主要是小动物。许多年以来，有关欧洲鳗的生命周期一直是个谜。1920年，一次远洋研究表明，成年欧洲鳗会穿越大西洋，到马尾藻海去产卵。然后，成年欧洲鳗死去，留下幼鱼自己返回欧洲。而这样的一次旅行要花掉它们3年时间。

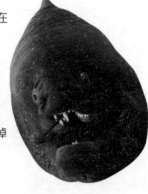

欧洲鳗

海鳝

海鳝

　　海鳝是形状和行动最像蛇的鳗鱼。它们的身体呈筋肉质，没有鳞，但有鲜明的花纹。海鳝通常生活在岩石堆或珊瑚礁上，白天隐藏在岩石缝隙里，傍晚出来觅食。海鳝长有锋利的牙齿，性情凶猛，平时行动迟缓，但只要有其他鱼进入其捕食范围，它们就以敏捷的动作将对方抓住，有时还会咬住潜水员的手和脚。

雪片海鳝

雪片海鳝

康吉鳗

　　雪片海鳝呈管状体形，身体可弯曲。鱼体上有两排间距均等的黑斑块，每两个黑块之间有雪花般的白斑纹；微小的鳞使鱼皮显得光滑；背鳍自鳃盖后，一直延伸到尾鳍末端。

康吉鳗

　　康吉鳗身体非常粗壮。它们主要生活在近海的浅水区，鱼体呈灰色。白天，它们躲在岩石的裂缝中或破船上，只露出头来。到了晚上，它们就会从洞穴中游出，捕食鱼、蟹、龙虾或章鱼等动物。成年后的康吉鳗会洄游到远海产卵。

鲤鱼

鲤鱼及其亲缘动物是世界上数量最多的淡水鱼。除了南美洲、澳大利亚和新西兰之外，世界上任何一个地方都有鲤鱼及其亲缘鱼类，从鲢鱼、草鱼、金鱼和其他"小鱼"到2米多的大鱼都有。鲤鱼的食物很多，包括其他鱼种、钉螺和水中植物。鲤鱼的嘴里没有牙齿，但嘴后部却有几颗咽喉齿，这些牙齿抵在一个坚硬的肉垫上，可以将吞下的任何食物磨碎。

金鱼

普通鲤鱼

普通鲤鱼身体呈青黄色，尾鳍为红色，体表布满圆鳞，身体最长的可达1米多。普通鲤鱼口小，且向前突出，有两对触须，背鳍和臀鳍都有硬刺。它们是杂食性鱼类，常在河底寻找水草、螺蛳、黄蚬等食物。它们有很强的生命力，能耐高温和适应污水。普通鲤鱼的饲养品种很多，常见的有镜鲤、革鲤、荷包鲤等。

各种各样的锦鲤

锦鲤

锦鲤的体态优雅高贵，身体修长。幼鱼的背部微弓，成年锦鲤的胸鳍呈鱼雷形，稍圆且强健。锦鲤头大嘴宽，嘴上长有两对触须。它们的鳞排列形态因品种而异，例如浅黄锦鲤的鳞排列会产生松球状的效果，而衣锦鲤的鳞有金属色的光泽。

金鱼属于鲫鱼变种，是著名的观赏鱼。

昭和锦鲤

金鱼的饲养

金鱼的饲养源于中国。早在南宋时期就有人开始对金鱼进行人工驯化。目前，世界各地饲养的金鱼均来自中国。经过几千年的发展，成百个不同品种被培育出来，有的有明亮的色彩和图案，有的有凸起的眼睛以及奇特的身体和鳍。而野生金鱼主要生活在池塘和湖泊等淡水水域里。

蝴蝶鱼

蝴蝶鱼又称珊瑚鱼，属于硬骨鱼纲鲈形目蝴蝶鱼科。蝴蝶鱼约有90种，中国近海就有40余种。蝴蝶鱼大都色彩艳丽，全身有数目不等的纵横条纹或花色斑块，体色能随外界环境的变化而变化。蝴蝶鱼体色的改变主要在于其体表有大量色素细胞，色素细胞在神经系统的控制下展开或收缩，从而呈现出不同的色彩。一般人认为色彩鲜艳的动物都是有毒的，它们用鲜艳的颜色来警告其他天敌。其实，蝴蝶鱼无毒无害。

蝴蝶鱼

生性胆小

蝴蝶鱼生性胆小，警惕心强，通常藏身于珊瑚丛中，并通过改变体色来伪装自己。进食的时候，蝴蝶鱼总是争不过其他的鱼，而且一遇到风吹草动就慌忙躲藏起来，要过很久才慢慢出来。当它被饲养在水族箱中时，它的胆小也有其可爱之处。

蝴蝶鱼胆子很小，时刻保持高度的警惕性。

网纹蝶鱼

网纹蝶鱼

网纹蝶鱼分布在印度洋及日本、菲律宾、中国台湾和南海的珊瑚礁海域，体扁，呈圆盘形，体长12～15厘米。其头部为三角形，吻部呈黄色，突出，眼部有一条黑色环带。网纹蝶鱼全身金黄色，体表两侧有规则地排列着网眼状的四方形黄斑，其背鳍、臀鳍、尾鳍由鳍基部到上边缘依次有黄、黑、黄三条色带。在天然海域中，它们以珊瑚虫、海葵等为食。

长吻蝶鱼

长吻蝶鱼如同它们的名字一样，有一个尖长的吻部。这只"探测器"可以任意伸进狭长的小洞中搜寻食物。长吻蝶鱼的尾部上方有一个很大的眼点。当它们遇到险情时，常常以此来帮助自己迷惑对方，趁狩猎者不明真相时溜之大吉。长吻蝶鱼的幼鱼与成鱼，无论颜色或是体形，都有着极大的差别。

惊人的变色能力

蝴蝶鱼生活在五光十色的珊瑚礁盘中，具有各种适应环境的本领。其艳丽的体色可随周围环境的改变而改变，与周围五彩缤纷的珊瑚配合得和谐得体。通常，一条蝴蝶鱼改变一次体色要几分钟，而有的仅需几秒钟，真是令人惊叹。

长吻蝶鱼

[第三章]

Part3···

两栖动物

两栖动物始现于约3亿年前，鱼类是它们的祖先。长期的物种进化使大多数两栖动物既能活跃在陆地上，又能游动于水中。与动物世界中的其他种类相比，地球上现存的两栖动物的物种数量显得非常贫乏，目前被正式确认的种类约为4350种，主要包括蛙类、蟾蜍、蝾螈及人们不太熟悉的蚓螈。所有的两栖动物都有潮湿的皮肤，但个头没有爬行动物那么大。有些两栖动物完全生活在水中，但大多数以陆地生活为主，仅在产卵的时候才回到水中。两栖动物大多产下的是具有胶状护膜的卵。

两栖动物

　　"两栖"这个名称来源于希腊语，意思是"两种生活"。两栖动物从幼虫发育到成熟，需要经历一系列的变形。它们的身体结构、感官功能决定了它们能适应两种完全不同的生活环境。所有两栖动物都是"冷血"的，这意味着它们的体温会随着环境的变化而改变。

网样蟾蜍

眼和耳

　　大多数蛙类、蟾蜍和蝾螈都有良好的视力。洞穴蝾螈因长期生活在黑暗的环境中，逐渐丧失了眼睛的功用，但陆地生活的蝾螈都有良好的视力，用以发现行动缓慢的猎物。蛙的眼睛很大，因而它们能注意到危险并发现食物。许多两栖动物都有极灵敏的听力，能帮助它们分辨求偶的鸣声和正在靠近的敌害发出的声音。

眼睛炯炯有神，密切注视着周围可能出现的危险。

呼吸

　　大多数成年两栖动物能通过皮肤和肺呼吸。它们皮肤下的黏液能保持其体表的湿润，让氧气较轻易地通过。大约200种蝾螈没有肺，它们的呼吸只能通过皮肤和嘴进行。而两栖动物的幼体要通过鳃呼吸。这些鳃的表面多是肉质的，呈羽毛状，且有良好的血液供应，便于从水中获取氧气。

保持皮肤的湿润，是呼吸畅通的一个重要条件。

一般蛙类都通过皮肤和肺呼吸。

感觉

　　两栖动物有五种主要的感觉：触觉、味觉、视觉、听觉和嗅觉，它们能感知紫外线和红外线，以及地球的磁场。通过触觉，它们能感知温度和痛楚，能对刺激做出反应。它们可以通过一种叫侧线的感觉系统感觉外界水压的变化，了解周围物体的动向。又如蚓螈，在头上有感觉触须，可以帮助它们嗅出和发现周围道路的情况。

游水

蛙和蟾蜍在游动时身体不能弯曲，但它们的脚都有蹼，游动时，能通过后腿的不断蹬水推动身体前进。它们的幼体——蝌蚪则靠尾巴的左右摆动来游泳。蝾螈和蚓螈游起来很像鱼，呈"S"形运动。许多蝾螈和水蜥有发育良好的尾巴，很适合游水。

巨大的蹼足，如同船桨一样。

前肢细小，在游动中只能起辅助作用。

避免敌害

两栖动物是许多肉食动物的理想食物，因为它们没有皮毛、羽毛和鳞片。但许多两栖动物的皮肤上都有色彩和斑点，这使它们具有很好的伪装本领，以隐藏在栖息环境中不易被捕获；还有一些两栖动物遇到侵袭时会遁水而逃。而某些成年两栖动物生有毒腺，这些毒腺能分泌出难闻的物质，阻碍或击退捕食者的进攻。

正在游水的蟾蜍

卵中的蝌蚪幼体

孵化期的蝌蚪

卵

蝌蚪长大了。

繁殖

大多数两栖动物都在水中进行交配产卵。每年春天，许多青蛙、蟾蜍和蝾螈从它们的冬眠地迁移到几千米远的池塘、小溪去繁殖。它们运用熟悉的界标、气味、太阳的位置和地球的磁场来寻路。两栖动物的幼虫在成年之前要经过一系列变化，这一过程被称为蜕变。蝌蚪是青蛙和蟾蜍的幼体。它们看上去和成体完全不同，通过鳃和呼吸孔呼吸。成年之前，它们发育出了肺，长出了腿，并脱落了尾巴。

天蓝丛蛙

长出后腿。

长出前腿。

成为成年个体。

尾巴变短。

青蛙

　　青蛙身体短小，后腿有力，没有尾巴，后脚趾之间有蹼相连，既可用来跳跃，也可用来拨水游动。青蛙通常靠跳跃行进，既可生活在地面上，也可生活在树林中。青蛙成年后，能吞下像昆虫和蚯蚓这样的小动物。青蛙很少离开潮湿的地方，因为它们必须使皮肤保持湿润。通常，它们会返回水中产卵。

青蛙的眼睛很大，对活动的物体非常敏感。

牛蛙

牛蛙

　　牛蛙可算得上是蛙中的"巨人"。之所以叫牛蛙，是因为它们那"哞哞"的鸣声很像牛叫。牛蛙的体表有绿色或棕色的色纹，但雌雄牛蛙的体色不一。其体长约20厘米，常常栖居在池塘、河流、沼泽和水田等处。牛蛙的胃口很大，能吃各种昆虫和软体动物，能捕捉小鱼，甚至能捕捉小鸭等水禽。牛蛙原产在北美洲，野生牛蛙体重可达600克。

虎纹蛙

　　虎纹蛙主要分布在我国长江流域及以南地区，也产于南亚和东南亚。因为它们的四肢有明显的横纹，看上去似虎身上的斑纹，故得名"虎纹蛙"。虎纹蛙体大而粗壮，体长可达12厘米以上，体重可达250克，是稻田中个体最大的蛙。它们的背面通常呈黄绿色，略带棕色，与头侧、体侧一样，背部也有不规则的深色斑纹。虎纹蛙的皮肤粗糙，背面还有许多疣粒，看上去令人很不舒服。

虎纹蛙

花姬蛙

　　花姬蛙体形甚小，皮肤较光滑，背面为粉棕色，缀以黑棕色及浅棕色重叠相套的似"∧"形排列的斑纹；后腿及胯部多为柠檬黄色或绿黄色，腹部为白色。雄蛙咽喉部还密集深色小点，雌性色较浅。花姬蛙常栖息在稻田附近的土窝里或草丛中，跳跃能力极强，鸣声很大。它们主要以蚂蚁、蜡象等昆虫为食。

花姬蛙

长趾蛙

长趾蛙分布在我国广东、海南岛和香港等地。长趾蛙吻部长而尖，体形修长，两脚长而纤细，善于跳跃。其背面为绿色或棕色，有黑色斑点，有4～5条浅色纵行线纹，1条在背正中，两侧背褶上各有2条，看上去非常醒目；四肢有深棕色横纹，腹面略带黄色。

长趾蛙

林蛙

林蛙体长约有4～7厘米，体背多为灰褐色，鼓膜处有三角形黑斑，背侧褶不平直，在颈部形成曲折状。林蛙主要栖息在林木繁茂、杂草丛生、地面潮湿的环境内，有些种类还可以生活在海拔3000～3500米的山地森林或高山草甸中，可谓是"登山家"。每年秋分前后，林蛙下山入水，开始漫长的冬眠。它们多在水深2米以上的严冬不能冻透的深山湾、水库中越冬。开始时为散居冬眠，当温度降到-10℃以下时，林蛙开始群居冬眠。

粗皮林蛙

豹树蛙

与其他蛙不同的是，豹树蛙有滑翔的本领，它们飞腾到空中是为了移动到不同的树上，或下至地面进行交配。它们的四肢有宽松的皮肤，脚趾长而有蹼，这些特征都有利于在空中滑翔。其趾端的吸盘可使它们在树干或叶片上进行高难度的降落。豹树蛙利用前肢与后肢趾间的蹼，还可以在空中做出转身180°的高难动作。

豹树蛙

红眼树蛙

红眼树蛙

红眼树蛙生活在热带雨林里。雌蛙将卵产在池塘边悬下来的大树叶上。蝌蚪孵化出来后，就跃入水中，然后爬到树上，成为小树蛙。红眼树蛙比生活在水中的蛙瘦长，长长的腿更有利于跳跃，脚趾上有黏质的吸盘，能牢牢地抓住树叶和树皮。

绿雨滨蛙

　　绿雨滨蛙又叫绿树蛙。这种两栖动物是长褶雨滨蛙的近亲，但其身体不具有长褶雨滨蛙那样的流线型。它们是澳大利亚分布最广的青蛙之一，经常能在花园里看到它们。和其他树蛙相比，在干燥的环境中，它们也能生存得很好，因为它们有厚厚的皮肤。

绿雨滨蛙

泽蛙

泽蛙

　　泽蛙又称为田蛙，体长约有4～6厘米，属于中型蛙。泽蛙对环境的适应力很强，只要是有水、有遮蔽的环境，都可能见到它们的踪迹。泽蛙普遍分布在平地及低海拔山区的稻田、沟渠、水池、沼泽等静水域中。它们的上下唇有深色纵纹；背部有许多长短不一、不规则排列的棒状肤褶；体色及花纹多变，为青灰色、褐色或深灰色，有的还杂有明显的红褐色或绿色斑纹。

花狭口蛙

　　花狭口蛙又名亚洲锦蛙，广泛分布于我国两广、云南、香港等热带地区。它们的体形肥胖短小，平均体长约7厘米；皮肤厚，但光滑，也有一些圆形颗粒；背部为棕色，从两眼中间至体侧到胯部有一个深咖啡色的大三角形斑，看起来很像一个花瓶。花狭口蛙会爬树，能藏身于树洞中；也善于挖掘，仅需数秒钟即可将身体埋入土中。但它们常生活在开垦地，尤其是池塘、水槽附近的地面。当遇敌害时，花狭口蛙全身能分泌一种有毒的乳状液体。

花狭口蛙被捕捉时，身体迅速膨胀，像个肉球。

达尔文蛙

　　这种小型蛙生活在南美洲的大部分地区，常在树丛里跳来跳去。它们抚育幼蛙的方式与众不同。繁殖时节，雌蛙产下20～30个卵之后，雄蛙就伏在卵上，一直等到蝌蚪即将孵化出来时，便用舌头把它们卷起咽下去。卵会落到雄蛙的声囊里。小蝌蚪就在那里面生长。当蝌蚪长到大约1厘米长，只留下一条小尾巴时，雄蛙才张开嘴，让蝌蚪们跳出去。奇妙的是，小蝌蚪在声囊里时，雄性达尔文蛙也能继续进食。

达尔文蛙

瞳孔对光线变化敏感，或收或缩。

雨蛙

趾垫上有黏液，能抓住光滑的物体。

雨蛙

　　雨蛙体形肥胖，多栖居在干燥的热带稀树草原上，一生的大部分时间都在地下度过，只有下雨的时候才会爬出地面。雌性雨蛙的体形较大，长约4厘米，而雄蛙只有3厘米左右。雄蛙趾的末端有吸盘，趾间有蹼。雨蛙白天多伏在靠近树根的洞穴或岩石缝中休息，晚上栖于灌木上。

箭毒蛙

　　箭毒蛙是众多有毒蛙类中毒性最强的一种。它们体长只约有4厘米，身上布满鲜艳的色彩和花纹，能从皮肤腺里分泌出一种剧毒。一只箭毒蛙的毒液足以杀死2万只老鼠！由于箭毒蛙毒液的毒性极强，生活在南美丛林中的印第安人常把它们的毒液涂抹在箭头上，用以打猎。

箭毒蛙

奇异多指节蛙

　　奇异多指节蛙又叫悖论蛙。之所以叫这个名字，是因为这种蛙的蝌蚪的体长为父母体长的三倍。科学家们至今也未研究出它们为什么会有这样巨大的子女。而成年蛙非常小，甚至可以坐在一只咖啡杯里。奇异多指节蛙一生的大部分时光都在水中度过。

奇异多指节蛙

囊蛙

　　这种产于南美洲的蛙有着与众不同的哺育幼蛙的方式。雄蛙帮助雌蛙将卵集中放在雌蛙背上的育儿袋里，育儿袋上面盖着一层皮肤。雌蛙就和这些卵一起生活3～4个月。当蝌蚪能够自立生活的时候，雌蛙重新回到池塘中，用后脚将蝌蚪推入水中。

囊蛙

蛙类的嗅觉很灵敏。

蛙类奇闻

　　蛙类像鸟或其他高等动物一样，能根据太阳辨别方向。此外，蛙能很准确地嗅出水中各种化学物质的气味，以便觅食和认出自己的故乡。前苏联某地区的一条街上，曾聚集了成千上万只蛙，每平方米的密度达到50只。这次蛙类大游行前后持续了6个小时。直到现在，这还是个未解之谜。

蟾蜍

蟾蜍

蟾蜍又名癞蛤蟆。它们的皮肤表面有疣，具有防止体内水分过度蒸发和散失的作用。它们行动笨拙，不善游泳，绝大部分时间生活在陆地上，只在产卵时才会回到水里。蟾蜍的卵很长、多筋，通常缠在水生植物上。当被敌人袭击时，蟾蜍会从眼后的耳后腺射出毒液。蟾蜍是农作物害虫的天敌。它们一夜吃掉的害虫要比青蛙多好几倍。冬季到来后，它们会潜入烂泥内冬眠。

海蟾蜍

海蟾蜍

海蟾蜍是世界上最大的蟾蜍。野生状态下，雌蟾蜍的重量常常超过1千克。它们几乎不怕任何食肉动物，因为它们皮肤里的液腺能产生剧毒。海蟾蜍通常在黄昏时进食，主要以昆虫为食，也吃蜥蜴、青蛙和小的啮齿动物。因为天敌很少，所以它们繁衍得很快。

绿色蟾蜍

绿色蟾蜍的身上大部分为淡褐色相间的花纹图案，看起来像穿了迷彩服一样。在温暖的地区，它们常常居住在房屋附近。成年绿蟾有时会聚在街灯下，吃那些落在地上的昆虫。绿色蟾蜍的叫声很像蟋蟀。它们通常在池塘和较浅的湖泊里产卵。

绿色蟾蜍

红腹蟾蜍

蟾蜍	
别　　名：癞蛤蟆	
目　　科：无尾目蟾蜍科	
分布地区：除澳大利亚和马达加斯加外，遍布世界各地	
个性特征：皮肤外表布满疣粒	
身　　长：2～25厘米	
繁 殖 期：每年3月	
孵 化 期：10～12天	

红腹蟾蜍

生活在东亚的红腹蟾蜍受到捕食者威胁时，就会弓起背，用后腿站立，露出火红的下身。这时，聪明的袭击者就会退却，因为这种蟾蜍的皮肤能分泌出一种难闻的、有刺激性的液体。

苏里南蟾蜍

苏里南蟾蜍身体扁平，脑袋呈三角形，皮肤上布满了肉瘤，是南美洲最与众不同的两栖动物之一。它们生活在河流和小溪中，依靠纤细的前趾觅食。这种蟾蜍的繁殖方式很独特：雌蟾蜍产卵后，雄蟾蜍用身体把卵压进雌蟾蜍背上海绵状的皮肤里，保护卵不被食肉动物吃掉。3～4个月后，一些形体完全长成的小蟾蜍就会孵化出来。

苏里南蟾蜍

非洲爪蟾

非洲爪蟾

非洲爪蟾生活在非洲南部的池塘和湖泊里。与其近亲苏里南蟾蜍一样，它们一生都在水中度过。它们的身体肥硕、扁平，头尖尖的，呈流线型。这些特点同它们那大大的蹼足一样，有助于在水中滑动。特别的是，它们的眼睛和鼻孔都朝上。非洲爪蟾常将卵产在地下。蝌蚪吃微小植物、幼虫和其他小动物。

锄足蟾

锄足蟾是挖掘地洞的行家。在每一只锄足蟾的后脚上，都有一条隆起的硬皮，可以像铲子一样挖掘松软的沙质土壤。锄足蟾生活在干燥地区，它们常常一连几个月躲在地下。如果下雨了，它们会爬到地表，在那里交配、产卵。这些卵只需两周的时间就能变成小蟾蜍。这样的孵化速度有助于小蟾蜍在水容易干涸的地区生存下去。

水蟾蜍

锄足蟾

水蟾蜍

水蟾蜍是蟾蜍中较大的一种，成年水蟾蜍体长8～10厘米，通体暗铜绿色，有光泽，背上长满疙瘩。它们采用体外受精，整个春季，水蟾蜍在长有水草的浅水里产卵，一只雌蟾蜍约可产卵30000枚，卵带犹如长腰带一般固着在水生植物上。孵化后的水蟾蜍要经过四五个春秋才可到达生育年龄。因此，当那些长辈在河塘沼泽忙碌地繁衍后代的时候，年轻蟾蜍则到处捕捉昆虫，以饱口福。

蝾螈

蝾螈通常藏在潮湿的地方或水下。它们的皮肤光滑而有黏性，尾巴很长，头部钝圆。蝾螈中许多种类终生在水中生活，而另一些则完全生活在陆地上，还有的在潮湿黑暗的洞穴中生活。蝾螈终生有尾，属有尾目，与其同属一目的有鳗螈、钝口螈、洞螈等。

颜色鲜艳的斑点

火蝾螈

外形和蜥蜴相似，但躯干呈圆筒状。

防卫

为对抗掠夺者，如鸟类和蛇类的攻击，蝾螈有许多防御战术。有些蝾螈采用弯曲防卫姿势，举起尾巴，直立下颌，显示出它们色彩亮丽的腹面，以恐吓敌人；有些蝾螈用有毒的皮肤和艳丽的色彩来警告捕食者——它们是很危险的；还有些蝾螈在遭到攻击时能脱落尾巴，趁机逃生。

蝾螈的尾巴在防卫中起着重要作用。

三线长尾河溪螈

短短的后足

繁殖

陆栖蝾螈在陆地上产卵，幼虫的发育在卵内就会进行。当幼仔孵化出来后，看上去就像成年的微缩版。水栖蝾螈在水中产卵，卵孵化后成为像蝌蚪一样的幼虫，最终幼虫将失去鳃，变成成年的样子。但有些水栖蝾螈不能完全发育成熟，尽管它们能达到生理成熟并能繁殖，但仍保留一些幼虫时的外貌。

栖息地

蝾螈体表那层多孔的皮肤能让水和空气通过。在热天或干燥的环境下，它们的皮肤必须保持湿润，避免变干，这样才能让水中的氧气渗透到身体里。当天气变冷、变湿的时候，大多数蝾螈居住在潮湿的地方，或仅在夜晚爬出。水栖蝾螈住在小溪、湖泊、池塘和洞穴。陆栖种类则躲藏在岩石、圆木下或穴居土里，甚至有些蝾螈还会爬到树上去。

灰红背无肺蝾螈

蝾螈身上的黄条纹和黄斑对敌害有警示作用。

无肺蝾螈

大多数蝾螈都通过皮肤和肺呼吸，但也有大约250种蝾螈根本没有肺，称为无肺蝾螈。无肺蝾螈就只能通过皮肤和口腔呼吸。它们居住在湍急的溪流里，因为那里的水中富含氧气。而一些陆居种类的无肺蝾螈必须一直保持皮肤的湿润，这样氧气才能通过皮肤上面的一层水进入血液中。

无肺蝾螈

黑斑肥螈

后腿五趾。

前腿四趾。

黑斑肥螈

黑斑肥螈体形肥壮，头部扁平，躯干至尾基部浑圆，尾后端侧扁。黑斑肥螈全身皮肤光滑，或背部略有细粒；背部和体侧青灰带黑，散布着深色小圆斑点；腹面呈橘黄或橘红色。它们一般在5～6月产卵，成堆的乳白色卵黏附于石块下。黑斑肥螈分布在我国江南地区，多栖息于海拔800～1700米的山溪石隙中，主要以蜉蝣目、双翅目、鞘翅目等昆虫为食。

棕红色的瘰粒

红瘰疣螈

红瘰疣螈

红瘰疣螈皮肤粗糙，头上嵴棱隆起明显；背部和体侧棕黑色；头部、四肢、尾部周围及嵴棱、瘰粒均为棕红色或棕黄色；腹部有的以棕黑色为主，有的颜色较浅。红瘰疣螈的繁殖季节为每年的5～6月，卵大多黏附于水塘边的草丛或岩石上。这种蝾螈分布在我国云南，数量十分稀少，大多栖息于山林及稻田附近，过着陆地生活。受惊扰时，红瘰疣螈会迅速地钻入池塘底部的泥中隐蔽。

火蝾螈

色彩艳丽的火蝾螈一般生活在陆地上。它们的皮肤多有毒，呈现黄色和黑色的图案。当它们寻找食物时，敌人往往会离得远远的。火蝾螈生活在森林里和其他潮湿地区。它们夜里出来，通常在雨后去捕食蚯蚓等猎物。它们在陆地上交配，但是雌性火蝾螈会在池塘和溪流里直接产下幼螈。

火蝾螈的双眼后侧和背脊两侧都分布着毒腺，一旦受到威胁，它们就会分泌出像牛奶一样的毒液。

虎纹钝口螈

虎纹钝口螈栖息在北美洲各处，从平原到湿地都有它们的踪迹。它们是北美最大型的陆栖蝾螈，体长可达40厘米。虎纹钝口螈很贪吃，甚至连别的两栖动物也不放过。跟其余家族成员一样，虎纹钝口螈也过着穴居生活。它们会自己挖洞穴居住，或住在其他动物的洞中。

虎纹状的斑纹

后肢五趾。

虎纹钝口螈

前肢四趾。

鳗螈

鳗螈的身体像鳗一样细长，脚短小。白天，鳗螈隐藏在水草间或洞穴中，到了夜间才出来活动，它们以蜗牛、鱼、虾等为食物。鳗螈幼体长成后，鳃逐渐消失，只留下鳃穴呼吸空气，但其他的种类终生都有鳃。鳗螈的眼睛很发达，喜欢生活在光亮的地方。

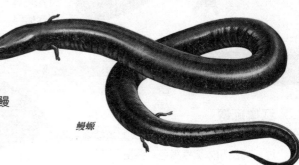

鳗螈

巨鳗螈

巨鳗螈分布于美国东南部和墨西哥东北部。其身体全长可达60～70厘米，体形呈圆柱状，主要生活在水池的泥沼中。巨鳗螈平时隐蔽在水生植物风信子的根部，常到水面呼吸，偶尔也到陆地上活动。它们能翻掘泥浆，把自己埋藏在泥下度过干旱期。巨鳗螈主要以昆虫等为食。它们的卵产在水里，卵依附在水生植物上。几个星期后，在卵内已发育的、长达5～10毫米的幼体就孵化出来了。

巨鳗螈

东方蝾螈

东方蝾螈主要分布于我国长江以南地区，栖于山麓水潭中或水流缓慢的山涧里。东方蝾螈皮肤裸露，背部为黑色或灰黑色，皮肤上分布着稍微突起的痣粒。东方蝾螈在水中非常活跃，常在水底和水草下面活动，一般隔几分钟就要游出水面吸气一次。入冬之后，东方蝾螈常隐伏在水底潮湿的石窟内或石缝间，一般不蹿出水面。

东方蝾螈

第四章

Part4···

爬行动物

爬行动物是地球上出现最早的陆生脊椎动物。恐龙时代，爬行动物主宰着地球。爬行动物有着干燥的、被鳞的皮肤和硬质骨骼。大部分爬行动物生活在温暖的地方，因为它们要靠太阳和温暖的地表来取暖。它们沐浴在阳光里，靠储存的能量来捕食与活动。很多爬行动物居住在陆地上，但是海龟和淡水龟、海蛇和水蛇、鳄鱼等都生活在水里。

爬行动物

爬行动物的体表都覆盖着保护性的鳞片或坚硬的外壳，它们的卵都有一层防水壳，这两个特点使它们可以离开水而生活在干燥的陆地上。爬行动物可以在多种陆地环境中生存，但通常生活在温暖的地方，因为它们要靠阳光来取暖。一旦身体变暖，它们就以极快的速度四处活动。因为不需要靠食物来维持体温，所以在缺少食物的沙漠，爬行动物也可以生活得很好。蛇、蜥蜴、龟和鳄鱼等都是爬行动物。

—— 鳞片粗糙，可起到额外的保护作用。

蟒蛇

蛇吃东西时，鳞片可使皮肤伸展。

爬行动物的种类

在生命进化的过程中，爬行动物占有极其重要的地位。目前，世界上的爬行动物共有6000多种，分为四大类：龟鳖目（龟、鳖等）、喙头目（包括两种楔齿蜥）、有鳞目（蜥蜴、蛇等）和鳄目（短吻鳄、长吻鳄等）。其中龟鳖目是现存爬行动物中最古老的一类，几乎与恐龙同时代出现，其进化速度极其缓慢。

感官

爬行动物都靠它们对光、气味和声音的感觉去捕食和避开敌害。如蜥蜴和蛇，靠舌头能感知周围环境的细微变化；很多蜥蜴的头上长有一个纤小的感光器官，可以调节自身的体温。壁虎是夜间的捕虫高手，但在白天，它们的眼睛的虹膜会眯成一条缝，把大部分光线挡在视网膜之外，但就是从那条虹膜处的细缝中，它们也能看清外面的一切情况。

蛇的叉状舌头很灵敏，在空中能感觉到十分微弱的气味。

鳞片皮肤

爬行动物体表那层又硬又厚的鳞通常由一种叫做角朊的角质层组成。这层鳞片皮肤可以防止水分的蒸发，并保护它们不受一些捕食动物的侵害。随着季节的转换，这层鳞片皮肤也会蜕去。爬行动物每蜕一次皮，就会长大一些，同时长出新的皮肤。

蜥蜴

体温调节

　　爬行动物通常都是冷血动物。这意味着它们必须依靠阳光或地表的温度来保持体温。当它们爬行、游走在冷热不同的环境中时，它们都能很好地控制自己的体温。爬行动物都很喜欢晒太阳，这样它们可以吸取足够的热能用以捕食和消化。当然，当温度过热时，它们也会躲到阴凉的地方乘凉。

鳄鱼常爬到岸上温暖的地方
晒太阳，一动不动地待上很久。

食物

　　大部分爬行动物，诸如蛇和鳄鱼，都是肉食动物。很多种类的蜥蜴均以昆虫为食，如一只壁虎，可以在一夜之间吃掉相当于它们身体重量一半的昆虫。但也有一些蜥蜴是素食动物，如鬣蜥只吃海草。龟类是杂食动物，它们常吃植物或诸如昆虫这样的小动物，海龟则吃海鱼、海绵、海草和小蟹等。

吞食老鼠的蛇

尽管小龟有硬壳的
保护，但它依然要靠阳
光来保持体温。

繁殖

　　大多数爬行动物是卵生繁殖。它们通常在软土或沙滩上挖洞作为产蛋的小窝。一些爬行动物会一直看护它们的蛋，直到全部孵化完毕。大多数爬行动物的蛋都有一层软壳，不过，乌龟、鳄鱼和壁虎蛋的壳是比较硬的。也有一些爬行动物能直接生下它们的后代，如蛇蜥，它们的蛋在母体内直接发育，营养则来自蛋黄液囊或直接从母体身上获取。

爬出蛋壳后的小龟

海龟用前肢挖沙坑，以做产房。

正努力爬出蛋壳的小龟

龟

世界上的龟共有数百种，有淡水龟、海龟和陆龟几大种类。龟的身体长圆而扁，背部隆起，有坚硬的龟壳保护着身体的各个器官。它们的四肢粗壮，趾有蹼爪，头、尾和四肢都有鳞，且均能缩进壳内。陆龟一般都有短粗的腿和钝钝的爪子，而海龟的腿扁平，像鳍一样。淡水龟和海龟的腿既可以游泳，也可以行走，有时甚至还能用来攀爬。一般来说，龟不具有攻击性。

头部灵活，可以自由伸缩。

龟甲坚硬，起保护作用。

龟

蹼爪

行动缓慢的陆龟

长寿的秘密

龟应该是地球上最长寿的动物了。科学家认为，这与它们性情懒惰、行动缓慢、新陈代谢低有关。它们的心脏机能也很特别，从活的龟体内取出的心脏有的竟可以连续跳动两天。龟类长寿无疑与它们的生活习性、生理机能密切相关，但确切的原因还有待进一步研究。

生活习性

龟的上下颌处没有长牙齿，但有较硬的角质鞘，可用于切开、撕裂及压碎食物。龟属杂食性动物，主要以小鱼、小虾及一些昆虫为食，同时也吃植物嫩叶、浮萍、稻谷、麦粒等。它们有发达的嗅觉和听觉，对地面传导的振动极为敏感。当气温低于10℃时，龟就要进入冬眠状态了。

龟的口缘狭长，一直延伸到耳后。

流线型的龟壳，可以使它们自如地游动。

海龟

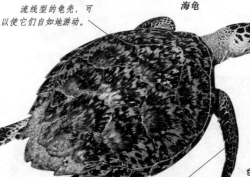

前肢较扁阔，用以划水。

后肢像舵一样，利于掌握方向。

海龟

海龟主要分布在热带海域，常在平静的海湾出没。海龟的四肢粗壮笨重，成桨状，背甲覆盖有角质盾片。但它们的头和四肢不能缩入壳内；海龟可利用泄殖腔内布满血管的囊状构造呼吸，有些海龟也通过皮肤和喉呼吸。与陆栖龟不同的是，大部分海龟的背壳都比较平滑。海龟主要以软体动物和甲壳类动物为食。它们通常在沙滩上产卵，并用沙子将卵盖住。除了产卵和晒太阳，海龟一般很少上岸。

绿海龟

绿海龟一生几乎都在大海里度过。和其他海龟一样，它们的壳很平滑，呈流线型，前腿像翅膀一样摆动，把海水向后推，使身体前进。绿海龟主要以海草和海藻为食，它们用边缘尖尖的下颌小口咬下食物。绿海龟可以在水下连续待上5个小时以上。为了节约氧气，它们的心脏每9分钟才跳动一次。绿海龟的巢经常建在遥远的地方。成年海龟会游1600多千米的路程去繁殖。通常，绿海龟会拖着笨重的身体，在沙滩上产下约100枚蛋。3个月后，小海龟挖开土壤，向海浪中奔去。这是小海龟一生中最危险的时刻，因为海鸟常在此时袭击幼龟。

在黑暗的掩护下，绿海龟爬上沙滩产蛋。

玳瑁

玳瑁是绿海龟的"堂兄弟"。在海洋龟类中，它们的个头最小，身长仅有50厘米左右。它们的背甲是红棕色的，带有黄色斑纹，像覆盖屋顶的琉璃瓦一样，美丽悦目。玳瑁主要生活在热带、亚热带海洋中，经常出没于珊瑚礁里，以中国南海的西沙群岛和台湾、澎湖列岛等地数量较多。

玳瑁

鳞龟

鳞龟是一种小海龟，龟壳又宽又圆。大西洋鳞海龟的龟壳呈灰色，大约长60～80厘米。它们主要分布在墨西哥湾，有时会随着海湾的潮流漂泊到欧洲地区。太平洋鳞龟分布在太平洋和印度洋的温暖水域，与大西洋鳞海龟的区别在于：它们体形更大，身体呈绿色。

鳞龟

棱皮龟

棱皮龟主要分布在热带海洋中。在众多龟类中，棱皮龟堪称"龟中之王"。它们的四肢肥大，已演变成了桨状。巨大的前鳍状肢看上去像是翅膀，两端之间的长度可达2.5米。这些结构可以帮助它们在波涛汹涌的海水中来去自如。棱皮龟的龟甲极具流体力学的线条，进化也更先进。它们还有一个结构特殊的伪甲壳，可以让它们在深水中自由游动，并能帮助它们抵御海水的冰冷。

棱皮龟

努力将脖子伸出水
面呼吸空气。

淡水海龟

在淡水中生活的海龟，足上都生有蹼，外壳很轻
很平，便于在水中游动。淡水海龟能够在水中停留很
长时间，有些甚至能在水下休眠几个星期。它们能够用
皮肤、喉部的黏膜和身体背部的开口呼吸，有些海龟也能用
肺呼吸。

淡水海龟

绿毛龟

生长于淡水中的绿毛龟以身上长满柔软的"绿毛"而闻
名。在水中，这些"绿毛"漂动着，看上去美极了。其实，
绿毛龟背上的"绿毛"不是龟身体里长出来的，而是一种能
牢牢地附生在龟背上的藻类植物，这些植物使龟看上去好像长
了绿毛一般。

绿毛龟

鳄龟

鳄龟长相奇特，体形较大，它们的头部不能完全缩入壳内；
腹面有大块鳞片；趾、指间具有蹼和有力的爪；尾巴较长，几
乎是背甲长度的一半，上面覆盖着环状鳞片；腿部非常发
达，甚至可以直立起来。鳄龟属水龟类，主要
生活在淡水中，也可生活在含盐较低的咸
水中。鳄龟性情凶猛，会主动攻击人类。
当它们被抓起时，会释放出麝香气味。

美洲淡水泥龟

美洲淡水泥龟是生活在密西西比盆地淡水中
的最大龟种，而且也是最危险的。它们都有一个带
节的壳，一个长而尖的脖子和一条长长的尾巴。
它们不是四处游动去寻找食物，而是潜伏在河
底或湖底张大嘴巴，并摆动着舌头后面一小块
粉色的、像虫子一样的肌肉组织引诱猎
物。如果一条鱼靠近它，它那巨
大的两颌会迅速闭上，
吞食猎物。

鳄龟

豹龟

豹龟喜欢在半干燥、生长荆棘的草原上生
活。但在一些高度陡峭的地方同样也能发现它们
的踪迹。豹龟会在天气炎热的季节夏眠，在寒冷
的季节过着行动迟缓的
生活。但无论天气如
何，它们都会躲在
豺、狐狸或蚁熊等遗
弃的洞穴中。由于生活
在草原上，因此豹龟以分布
广泛的各种草类为食，还喜欢吃水
果、仙人掌果等多汁食物。

龟

象电龟

象电龟是生活在南美洲厄瓜多尔的加拉帕戈斯群岛及印度洋的塞舌尔群岛等地的一种巨龟，是陆栖龟中的王者。它们的体形异常巨大，仅次于棱皮龟，腿粗壮得似大象脚，且它们一生都在持续生长。象电龟的背甲长1.5米，伏地时约有0.5米高，爬行时则有0.8米高。它们的体重在200～300千克之间。最大的象电龟能有375千克，背甲有2米多长。

象电龟

锦箱龟

锦箱龟也叫西部箱龟。这种龟由于生活在干燥的环境中，能在膀胱中储存水分，其忍受干旱的能力非常强。锦箱龟属杂食性动物，食量很大。它们的成长比较缓慢，需要5年以上才能达到成熟期。

锦箱龟

辐射陆龟

辐射陆龟分布于马达加斯加岛南部，栖息于近似热带草原的干燥森林中。这种陆龟的背甲呈圆顶状，各盾板未隆起。此外，其背甲及腹甲均具有放射状斑纹。它们主要以水果及青草为食。

辐射陆龟

凹甲陆龟

凹甲陆龟是热带及亚热带陆栖龟类。它们的眼睛较大，腹甲和背甲直接相连，其间没有韧带组织。凹甲陆龟喜欢生活在环境干燥的地方，生活的区域一般有月桂属的植物、蕨类及杜鹃花等为数众多的植物。凹甲陆龟只在相当高的丘陵、斜坡上生活，它们定居的地方一般离水源较远。每当雨季来临时，它们就会集体出来饮水。

凹甲陆龟

粗短的尾巴

口缘长至眼睛后部

坚利的爪

龟壳

所有的龟类动物都包着沉重坚硬的甲壳，看上去好像是一辆小小的坦克。龟背上的这身硬甲，形状特别有意思，不管什么种类，龟背都由13块小甲块组成，而且小甲块几乎都呈六角形，所以人们给龟起了个外号，叫它"十三块六角"。

蜥蜴

灵敏的嗅觉

棘状突起

蜥蜴

蜥蜴是当今世界上分布最广的一类爬行动物。世界上大约有4000种不同的蜥蜴，主要分布在热带地区。蜥蜴的皮肤粗糙，体表布满鳞片。它们多数时间都在晒太阳，以保持体温。它们主要捕食昆虫和其他小动物，并用尖牙咬住猎物，以防止它们逃脱。小蜥蜴是从卵中孵化出来的，但也有一些是胎生。

尾巴细长，有助于它们爬行。

坚利的爪

蜥 蜴	
目 科：	有鳞目，包括鬣蜥科（鬣蜥）、巨蜥科（巨蜥）、避役科（变色龙）和壁虎科（壁虎）
分 布：	世界各地，除了加拿大北部、亚欧大陆北部和南极洲；小部分生活在挪威北部
栖息地：	雨林、沙漠，主要在热带和亚热带；有些生活在洞穴中
食 物：	昆虫、哺乳动物、鸟和其他爬行动物；有2%吃植物
大 小：	1.5~152厘米

蜥蜴的爪子很坚利，能牢牢地抓住树干。

尾巴

一些蜥蜴，如变色龙，长着具有卷握功能的尾巴，能像额外的一条腿一样，缠住树木往上爬；另一些蜥蜴，如生长在美洲的大毒蜥，可以将能量储存在肥壮的尾巴里，以供日后之需。在受到攻击时，大多数蜥蜴都有断尾避敌的本领。它们的断尾会在地上跳来跳去，吸引敌人的注意，自己则逃之天天。而且不久，一条新尾巴还会长出来。

防卫

大多数蜥蜴都有保护色，一旦保护色失败，它们也有对付敌人的方法：一是立刻爬上树去，用爪子摩擦树皮，发出噪声来威吓敌人；二是鼓起脖子，使身体变得粗壮，同时发出嘶嘶声，恐吓来犯者；三是把吞下不久的腐肉或其他肉浆等当做烟幕弹喷射出来，然后乘机溜走；四是迫不得已，它们会断尾逃生。

牙买加安乐蜥

安乐蜥

安乐蜥是一种亮绿色的小蜥蜴。它们的身体纤细，尾巴很长，能以惊人的速度在树枝间奔跑。它们的四肢上有趾垫和尖尖的爪子，这使它们能很好地抓住树枝。多数雄安乐蜥在下巴处长有一块颜色鲜亮的下垂物。这个下垂物可以折叠起来。在繁殖季节，它们以此来吸引雌安乐蜥。

尾巴细长而灵活，
可卷住树干或树枝。

鳄蜥

鳄蜥

　　鳄蜥体形既像鳄鱼又像蜥蜴，因而得其名。它们的身长一般为20厘米左右，全身披着坚硬的鳞甲，除腹部为白色外，其余部分全为暗黄色，也有呈橄榄色的。它们的头顶部有一个小白点，好像第三只"眼睛"，但实际上它并不起视觉作用。它们的头只有花生米大小，是爬行动物中头最小的。鳄蜥是一种古老的爬行动物，在1.9亿年前就已存在了，因而又有"活化石"之称。

饰蜥

　　饰蜥的家族成员众多，大小与外形也各不相同。它们都能借助身上可以隆起的粗鳞片，将自己装饰成各种吓人的模样，它们的名字也因此而得来。饰蜥的四肢和趾头很细，所以跑不快，而且它们没有自割尾巴逃生的能力，御敌的本领就是靠装成怪样吓唬敌人。

饰蜥

蛇蜥很像蛇，有蛇一样尖细的头部。

蛇蜥

　　蛇蜥看上去很像一条小蛇。事实上，它们和蛇在许多方面都不一样。它们能闭上眼睛，如果受到袭击，尾巴会脱落以避敌。蛇蜥在体表鳞片下面还长有骨板，这使得它们的身体更加坚硬结实。它们经常出现在雨后的黎明和黄昏，以昆虫、蜘蛛和蛞蝓为食。雌蛇蜥一次产卵能达12枚之多。卵一产出，幼蜥很快就会被孵化出来。

蛇蜥

身体细长，跟蛇很相似。

生活在墨西哥的双腿蚓蜥

蚓蜥

　　蚓蜥是挖掘类爬行动物，大约有130个属种。它们的头钝圆，眼睛很小，鳞片成环形排列。多数蚓蜥没有腿，只有生活在墨西哥的三种蚓蜥长着小的前腿，并且上面有5个强壮的趾。蚓蜥能用头将土壤削平，建立地下坑道系统。它们以吃昆虫和蠕虫为食。一些蚓蜥属卵生，而另一些则是卵胎生。

角蜥

　　角蜥主要在沙漠地区生活。它们有一套独特的御敌方法。第一是它们具有保护色。第二是它们全身长有许多鳞片。这些鳞片又尖又硬，每片都像一把锋利的匕首。第三种方法最有特色：在面临生死存亡的时候，它们大量地吸气，使身躯迅速膨大，致使眼角边破裂，然后从眼里喷出一股鲜血，射程达1～2米。敌人时常被这迎面射来的鲜血吓得惊慌失措，角蜥则趁机逃之夭夭。

黄点头角蜥

眼斑蜥

　　眼斑蜥也称蓝斑蜥，原产于南欧和北非。眼斑蜥以昆虫、小鸟、啮齿动物和一些果实为食。如果抓住一只昆虫（如蟋蟀），它们会快速摇动昆虫，使之晕眩，然后送入嘴巴后部，用颌部大力咀嚼，最终将昆虫碾碎吞食。

飞蜥

飞蜥

　　飞蜥生活在森林里。它们能从一棵树上"飞"到另一棵树上。所谓的"翅膀"是特别扩大的肋部，像扇子的撑条一样张开，使一片松弛的皮肤伸展开来。一旦飞蜥完成飞行，肋骨就会沿身体向后合拢，将"翅膀"折叠好。飞蜥以小昆虫为食，在陆地上产卵。

眼斑蜥

在奔跑时，尾巴能保持身体平衡。

伞蜥

伞蜥

　　伞蜥是澳大利亚最引人注目的蜥蜴。它们的颜色从暗红到褐色变化不一，但如果这种蜥蜴被逼得走投无路，它们就会做出惊人的威胁动作。在它们的脖子周围会张开一块亮红色或黄色的"斗篷"——颈伞，使亮红色的嘴巴暴露出来。同时，其身体不停地摇摆着，并发出嘶嘶声，看上去像是要发动进攻的样子。这些行为足以吓退敌人。倘若还行不通的话，它们会收起"斗篷"，跑到最近的一棵树上逃生。

扁蜥

扁蜥主要的生活地点是石缝。当遇到威胁时，它们会迅速地充胀身体，把石缝卡死，这样捕食者就无法把它们抓出来了。在交配季节，雄扁蜥的体色特别显眼。而雌扁蜥会在一个公共筑窝点产下一些卵。扁蜥主要吃昆虫，但也吃某些植物。

扁蜥

绿蜥

绿蜥的体色是亮绿色的，非常漂亮，其尾巴长度几乎是身长的两倍。绿蜥生活在欧洲南部的田野里，是阿尔卑斯山北部最大的蜥蜴。它们主要以昆虫和蜘蛛等一些小动物为食。在冬天的几个月中，绿蜥会躲在树洞里和岩石裂缝中冬眠。

绿蜥

普通鬣蜥

普通鬣蜥是世界上最大的食草蜥蜴之一。它们行动敏捷，一遇到危险就向水中逃走。其舌厚而多肉，舌尖微微分叉，雄性通常有较鲜艳的体色。普通鬣蜥的尾巴占身体全长的三分之二，当遇敌人袭击时，可以拿尾巴当鞭子来反击敌人。它们分树栖性和地栖性两种：树栖性的晚上下到地面来寻找食物，地栖性的则住在巢穴中。

海鬣蜥

普通鬣蜥

海鬣蜥是蜥蜴中唯一以海藻为食的动物，也是蜥蜴中唯一过群居生活的蜥蜴。海鬣蜥体长有1.5米左右，头上长着坚韧的肉刺，身披盔甲状的鳞片，背上有一条隆起的角刺，粗长的尾和强有力的爪使它们看起来十分威武。它们适于水中生活，尾巴具有螺旋桨和船舵的双重功能。

海鬣蜥

壁虎

壁虎是蜥蜴的同类，喜欢温暖的环境，几乎遍布世界各地的每个角落。体形小巧的壁虎有一对大而突出的眼睛，身体扁平，四肢短。有趣的是，它们的眼睛不能闭上，所以总喜欢用长舌头舔眼睛，以保持眼睛的清洁。壁虎的脚趾是非常重要的攀附器官，趾头上面的鳞片能起到吸盘的作用。一旦遭到袭击，壁虎就会丢下尾巴溜之大吉。壁虎的种类非常繁多，大小与外形因居住地的不同而有所区别。

壁虎

脚趾的吸附能力

壁虎能头朝下在天花板上爬行，这是因为在壁虎爪趾的顶端，长有数百万根绒毛般的细纤毛，这些极细的纤毛以数千根为一组，它们互相之间产生的分子引力让壁虎的脚趾具有极大的吸力。如果壁虎同时使用全部纤毛，就能够支持125千克的物体。而壁虎自身重量极轻，所以它行动迅速且无后顾之忧。

有力的吸盘，可以让它在任何光滑的平面上"行走"。

看似不够明亮的眼睛，其实对光线很敏感。

闭不上的眼睛

大多数壁虎都在夜间活动，它们的眼睛对光十分敏感。壁虎的眼睛很大，却没有活动的眼睑，只在下眼皮上长出一层透明的鳞片盖在眼球前，所以它们的眼睛永远是睁开的，而且瞳孔形成一个纵的裂缝。这使它们无法眨眼以清除眼球上的脏物，所以，一些壁虎就用舌头代替眼睑做这种清洗工作。

长长的尾巴是其御敌的工具之一。

起到保护色作用的斑点

脚趾上有尖尖的爪子和窄窄的趾垫。

尾巴的功能

壁虎长着长长的尾巴，它主要有两个功能。一是自我保护，因为壁虎的尾巴易断，当有危险的动物逮到它的尾巴时，它就用力挣断尾巴逃跑，留在现场的那半截尾巴还能不停地跳动，以迷惑敌人，让它有充分的时间逃脱。壁虎尾巴的再生能力极强，很快就会长出新的来。另外一个功能是，壁虎的尾巴可以贮藏营养物质，以备不时之需。

大壁虎

大壁虎是我国壁虎科中体形最大的一种，全长可达30厘米，主要栖息在山岩缝隙、树洞内以及人类的住宅里。它们的背部鳞为细小粒鳞，其间杂以较大的疣鳞，缀成纵行；腹部鳞片较大，略成六边形；四肢指、趾膨大成扁平状，其下方皮肤形成褶襞，利于在光滑的物体上攀附。大壁虎的体色会随着环境的不同而发生变化，这样能与生存环境混为一体，便于伪装。

大壁虎

头盔壁虎

头盔壁虎主要分布在非洲西北部。它们头部后缘的角质皮肤微微翘起，像戴着头盔一样，因此得名头盔壁虎。头盔壁虎的背部、尾部皮肤都布满疣粒状凸起物，趾爪肥壮短小，趾端有皮瓣，可沿着光滑面攀爬。头盔壁虎同样没有可闭合的外眼睑。其体色有砖红色、深褐色和卡其棕色之分，并掺杂不同深浅色的斑纹或斑点。

像头盔一样的隆起

头盔壁虎

角叶尾壁虎

当角叶尾壁虎紧紧地趴在树上，身体压成扁平状时，人们几乎不能发现它们，因为它们的保护色非常巧妙。它们的身体上有一块块斑点状的图案，看上去很像是树干上生长的苔藓，而树叶形状的尾巴还能达到使身体轮廓和树混在一起的效果。和多数壁虎一样，这种林中壁虎不能眨眼，也是用舌头来清洁眼睛。

角叶尾壁虎

豹纹睑虎

豹纹睑虎分布在伊朗东部、阿富汗东南、巴基斯坦及印度西北等地。它们的体表有着像豹纹般的花色，并因此而得名。比较特别的是，豹纹睑虎具有眼睑，而且眼睛的两侧有明显的外耳孔。正常的个体还具有一条与身体一样粗壮的尾部。这是它们储存脂肪的重要部位。

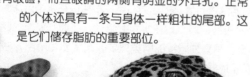

豹纹睑虎

外耳孔

壁虎	
目　科：	蜥蜴目壁虎科
种　类：	约20种，中国产8种
分　布：	世界各地较温暖的环境
食　物：	蚊、蝇、飞蛾等昆虫
产卵数：	每次产卵2枚
孵化期：	约1个月

鳄鱼

尾巴强健有力，可推动身体在水中游动。

鳄鱼是世界上最危险的爬行动物。它们都有像盔甲一样的鳞片，还有长着长长的尖牙的上下颌。鳄鱼喜欢栖息在有沼泽的滩地或丘陵山涧乱草蓬蒿中的潮湿地带。它们入水能游，登陆能爬，体壮力大。除了捕食，鳄鱼很少走动。但在白天，它们常爬到岸上来晒太阳。它们张大的嘴可以帮助调节体温，因为其嘴部的血管与皮肤表面很接近，可以很快地将热量传到血液中。

鳄鱼

因为鳄鱼不能咀嚼食物，所以它们用牙将猎物的肉撕碎后再吞食。

颌和牙齿

鳄类动物的颌因它们所食猎物的不同而有所区别。短吻鳄和大鳄鱼的嘴短而宽，可以抓住大一些的猎物，而印度食鱼鳄的嘴长而尖，适于捕鱼。鳄类动物的颌很有力。在抓住猎物后，锋利的牙齿能深深地刺入猎物的身体，并迅速将猎物撕裂开。与众不同的是，鳄鱼的旧牙会定期脱落。新牙在旧牙下方发育，到长成的时候，就把旧牙挤出去，成为新牙。

等级森严的团体

通常，同性别和同年龄的鳄鱼会组成不同的团体而共同生活。在鳄鱼群体中，体形最大、居住在领地时间最长、最具攻击性的雄性鳄鱼通常享有最高的权力。当一群鳄鱼在水中游泳时，地位高的雄性鳄鱼会很霸气地在水面上游泳，而地位较低的鳄鱼只能露出头部。具有领导权的鳄鱼只要竖起头部和尾部，将身体夸张性地张开，在原地静止不动，就足以吓得其他成员迅速逃跑。

凶猛的鳄鱼首领

鳄鱼胃口很大，能把一头牛吞到肚子里。

猎食

鳄鱼的听觉和视觉都极其灵敏。当它们发现岸边有猎物时，会马上将身体躲到水底，然后慢慢地朝目标游去。它们先是一动不动地盯着，瞅准时机一跃而起，用有力的颈部和尖利的牙齿将猎物捉住，叼到河里将其溺死，然后再痛痛快快地饱餐一顿。

防卫

鳄鱼在遇到敌人需要逃跑的时候会潜入水中。在水中，它们的鼻孔和耳朵会被一个特殊的皮片盖住，起到防水的作用。它们的眼睛上有一层透明的眼睑，闭合下来就形成了对眼睛的保护膜。鳄鱼的喉咙里还有一个额外的皮片，当它们张着嘴待在水中的时候，这个皮片可以防止水进入到它们的肺里。

鳄鱼的眼睛露在水面，随时注意岸上的情况。

刚钻出蛋壳的幼鳄

繁殖

鳄鱼是一种卵生动物。雌鳄鱼长到12岁时开始生儿育女。鳄鱼在水中交配，在陆地上产卵。母鳄在产卵前夕脾气暴躁，攻击性很强。两只母鳄常会因为争夺产卵地而相互打斗。产卵时，每条母鳄会挖一个30～40厘米深的土坑，产下16～80个蛋，之后用泥土将蛋掩埋好。卵的孵化需84～90天。在此期间，母鳄会一直守候在土坑旁，等待幼鳄出壳。而雄鳄也会守护在土坑边，但不会靠得太近。幼鳄快出壳时，会发出轻微的尖叫声。这时，母鳄会迅速挖开沙土，帮助小鳄钻出地面。

幼鳄的成长

每条新生鳄鱼的体重约0.5千克，体长约28～34厘米。刚出生的幼鳄非常弱小，所以母鳄会整天陪伴并保护它们。同一窝的幼鳄在刚出生的一段时间里会一起生活。它们交流的方式是相互碰撞和鸣叫。每窝幼鳄共同生活14～21天后，开始同其他窝的幼鳄接触。而母鳄对这些幼鳄都非常友好。幼鳄长大后会离开成年鳄群，建立起一个新的等级分明的群体。

马来鳄

鳄鱼

马来鳄

马来鳄的嘴一张开，就露出了寒光凛凛的一排排锯齿状的牙齿。它们的两个鼻孔长在上颚的前端，吸一口气后闭住鼻孔，可以潜入水中很长时间。马来鳄异常凶猛，会主动攻击岸边的人，即使是飞鸟，它们也能设法捕捉到。

鳄　鱼	
目　科：鳄目	
种　类：鳄鱼13种、短吻鳄2种、大鳄鱼6种、印度食鱼鳄2种	
分　布：澳大利亚、亚洲、非洲和美洲热带地区	
栖息地：河、湖、湿地、沼泽、海洋及雨林	
食　物：以肉为食	
产卵数：每次10～90枚	
寿　命：50～75年	
大　小：鳄鱼、大鳄鱼和短吻鳄：1.5～7.5米；印度食鱼鳄：3～5.5米	

尼罗鳄

尼罗鳄

尼罗鳄是非洲最大的淡水捕食者。它们常常先将猎物拖入水中，等猎物溺水而死后再食用。它们多捕食那些下河饮水的动物，还可以杀死像斑马那么大的猎物。由于尼罗鳄的胃并不大，所以它们很少能独自将整只猎物吃完，通常是几只鳄鱼一起分享战利品，并互相帮助将食物撕开。这种集体吃食的现象在爬行动物中是很少见的。

湾鳄

在澳大利亚，湾鳄又叫"塞尔第"，是世界上最大、最危险的鳄鱼，其雄鳄身长能达10米。湾鳄善于游泳，生活在东南亚、大洋洲北部和新几内亚的某些河口和沿海水域。它们的身体呈淡橄榄色。一般鳄鱼都是冷血动物，但是湾鳄却能巧妙地保持恒定的体温——25.6℃。天气热的时候，它们便张着大嘴在地上躺很长时间，通过口腔黏膜散发水分和热量。

湾鳄的攻击性极强，是最危险的鳄鱼。

宽吻鳄

宽吻鳄是来自中美洲和南美洲的一种小型鳄鱼，共有5个属种，其中凯门鳄是最常见的。凯门鳄生活在河流、湖泊和沼泽地里，能通过在泥土中挖掘洞穴来度过干旱季节。它们眼睛周围的骨刺看上去像是一副眼镜，因此人们又称其为眼镜凯门鳄。

宽吻鳄

密河鳄

密河鳄分布在北美洲东南部，因此又称美洲鳄。它们生活在淡水河流或沼泽的浅水中。雄鳄较大，长达4米以上，雌鳄却不到3米。密河鳄的背面呈暗褐色，腹面呈黄色，吻扁而阔，上面平滑，上下颌每侧有齿，躯干部背面有18个横列角质鳞，趾间有不完全的蹼。在水中游泳时，它们的眼和鼻孔露出水面，动作迟缓，遇危险时则全身埋于水底泥中。

行走时，尾部不停地摆动。

密河鳄

美洲短吻鳄

　　同其他鳄鱼一样，美洲短吻鳄的身体背部也覆盖着一层坚硬的鳞片。小鳄鱼的皮肤呈深黑色，背上有一道道亮黄色的条纹。到了成年，它们就换上深黑色的鳞甲。美洲短吻鳄粗壮有力的长尾巴有身体的一半长，能起稳定身体的作用。匍匐在水中的短吻鳄，看上去就像水面上一段漂浮不定的圆木头。事实上，它们始终盯着岸边，耐心等待着猎物的出现。

美洲短吻鳄

侏儒鳄

　　这是世界上最小、最不为人知的鳄鱼。它们主要分布在西非和中非，体长只有2米。侏儒鳄生活在雨林中的河流和沼泽里，它们经常爬上树干晒太阳。与其他鳄鱼不同的是，它们不仅在背部，而且在腹部也长有盔甲似的鳞片。

侏儒鳄

印度食鱼鳄

　　印度食鱼鳄是淡水鳄，它们的吻部特别细长，里面长满了小而尖的牙齿。这对捕鱼来说，是很理想的工具。一旦捉住了一条鱼，食鱼鳄会向空中抬起嘴巴，然后转动鱼，以便它能从鱼头向下吞咽。和其他鳄鱼相比，食鱼鳄在水中待的时间较长，因此它们的后脚上完全长满了蹼。

印度食鱼鳄

扬子鳄

　　扬子鳄又名中华鳄，主要分布在我国安徽、浙江、江西等地的部分地区。它们生活在水边的芦苇或竹林地带，以鱼、蛙、田螺和河蚌等为食。扬子鳄体形较小，背部呈暗褐色，腹部呈灰色，皮肤上覆盖着大的角质鳞片。扬子鳄一般独居，爱夜间活动，喜欢日光浴，有冬眠行为。它们爬行缓慢，能一动不动地静止很长时间，但在捕食时动作迅速。扬子鳄常常潜伏在水中，只将鼻孔和眼睛露出水面，悄悄地接近猎物，然后突然发起进攻，咬住猎物。在扬子鳄身上，至今还可以找到早先恐龙类爬行动物的许多特征。所以，人们称扬子鳄为"活化石"。

鳄鱼

蛇

　　蛇是爬行动物中比较特别的一种。它们没有腿，没有眼睑和外耳，可是它们有发达的内耳，能敏锐地接收地面振动传播的声波刺激。蛇的上下颌长满牙齿，而且牙齿向后生，利于它们吞咽时抓紧猎物。蛇的舌头上长着许多感觉小体，能接受空气中化学分子的刺激，从而感知周围的一切。它们主要以鼠、蛙、昆虫等为食。

要发起进攻的眼镜蛇

所有的蛇在吞食猎物时，都是从猎物的头开始的。

捕食

　　蛇的视力很差，但它们的嗅觉极好，可以飞快地伸出分叉的舌头，捕捉空气中各种猎物的气味。蛇捕食的方法很多。有些蛇，比如蟒蛇、响尾蛇等有一个叫热坑的感觉器官，可以探明温血动物的位置以及与猎物之间的距离等，从而准确出击。有的蛇通过挤压猎物使其死亡而猎食，但多数蛇用牙齿来杀死猎物。毒蛇则能从毒牙中射出毒液，使对方晕倒或死亡。

防卫

　　蛇有许多天敌。它们应对天敌最有效和最常用的防卫方法就是使用保护色，如：树蛇是绿色或棕色的，沙地中的蛇多是黄色或浅棕色的，等等。有些蛇有着鲜艳的颜色和条纹，这是用来警告或恐吓潜在的敌人的。如果警告色不起作用，它们就会咬敌人，尽管大部分的蛇都没毒液。还有一些蛇会嘶嘶作响，并膨胀自己的身体，以显示自己很强大，期望吓退敌人。

—— 刚刚长出的新皮肤

得克萨斯鼠锦蛇幼蛇

做出恐吓状的蛇

繁殖

　　不同种类的蛇，其繁殖的方式也各不相同。大多数的蛇产卵繁殖。蛇蛋由一层比较柔软的蛋壳包围着，在胚胎的发育过程中可以透过蛋壳吸取水分。蛇通常将蛋放在一个有着稳定温度、一定湿度的隐蔽之处。幼蛇通常需要3个月的时间才能孵化出来。还有一些种类的蛇是卵胎生。雌蛇将蛋保存在体内，蛇蛋没有壳，幼蛇出生时就已经完全成形了。

无毒蛇

臭鼻蛇

　　无毒蛇是至今为止世界上最大的蛇科，包括全世界2500种蛇中的1500种。大多数无毒蛇的长度在50～200厘米之间。这些蛇在形状、颜色和斑纹等方面各不相同，这主要取决于它们的生活习性和栖息地。无毒蛇有坚固的牙齿，头部多为椭圆形，尾部逐渐变细。它们捕食的方式有两种：一是采用缠绕猎物的方法，使其窒息而亡；另一种是将猎物制伏后吞下。

嘶声沙蛇

嘶声沙蛇

　　嘶声沙蛇是一种很细的蛇，长着有长长的尾巴、光滑的鳞片和大大的眼睛。这种蛇有好几种颜色，但大多数为浅棕色或橄榄绿色，在腹侧有深色或浅色的花纹，颈部有浅色的条纹。嘶声沙蛇主要栖息在草原和干燥多石的地方。它们非常警觉，并且爬行速度极快，夜间活动比较频繁。

加利福尼亚王蛇

　　加利福尼亚王蛇是一种圆滚滚的蛇。它们有一个狭窄的脑袋，通身有黑色和白色或棕色和乳白色相间的环状花纹，且较窄的浅色条纹和较宽的深色条纹交替出现，并且沿腹侧各有一条线纹。

加利福尼亚王蛇

长鼻树蛇

长鼻树蛇

　　长鼻树蛇是一种特别纤细的蛇，不仅头部修长，而且还有一个长长的鼻子。这种蛇的眼睛中长着横向的瞳孔，这使它们能够准确地判断远处的情况。长鼻树蛇的颜色是绿色的，再加上像藤蔓植物一样的体形，这使它们有了很好的伪装本领。长鼻树蛇主要栖息在热带森林中的树林和灌木丛中，主要以蜥蜴为食，也吃青蛙和小型哺乳动物。

眼镜蛇

眼镜蛇科蛇占世界毒蛇的一半以上，很多毒蛇，如眼镜蛇、银环蛇、太攀蛇、虎蛇等都属于这一科。尽管它们在大小、形状和习性方面各不相同，但它们的嘴前部全都有一对固定的有毒锯齿。这一科的蛇大多居住在热带地区，靠吃鸟类、小动物和其他爬行动物为生。虽然它们是肉食动物，但它们的牙齿不能将食物撕开，只能先把猎物杀死，再整个吞下去。毒液是眼镜蛇用来毒晕猎物和保护自己的最重要的工具。

眼镜蛇

东方珊瑚眼镜蛇

东方珊瑚眼镜蛇是夜间活动的蛇。它们大部分时间在树叶或圆木下度过。这种蛇的身体呈圆柱形，头小，而且身上的黑色、黄色、红色或白色圆环总是很鲜艳，看上去像刚画上的一样。这样的色彩可能是为了警告那些潜在的食肉动物：它是危险的。珊瑚眼镜蛇大约有40个属种，都来自南北美洲的温暖地区。

顶帽扩张，随时准备进攻。

印度眼镜蛇

印度眼镜蛇

几个世纪以来，印度眼镜蛇在印度要蛇人中很流行。当受到打扰时，它们会向后跃起，伸出肋骨，做出一种准备反击的架势。它们听不见任何声音，因此它们响应的是要蛇人的动作，而不是音乐。它们的毒牙能迅速刺出，抓住猎物，喷出毒液。印度眼镜蛇全长约2米，它们白天一般躲在丛林中，到晚上才出来活动。

眼镜蛇的攻击性很强，其毒液对人类也有致命的威胁。

眼镜王蛇

眼镜王蛇是最著名的眼镜蛇之一，栖息在南亚的一些河流附近，体长约有4～6米。眼镜王蛇能产生大量毒液，并完全以其他蛇为食。它们一般活动隐秘，通常白天出来摄食，有时也会袭击人类，而且没有任何攻击前的挑衅。在蛇的世界里，眼镜王蛇与众不同，因为它们能用棍棒和树叶筑窝。雌蛇最多能产40枚卵，然后待在窝里，直到幼蛇慢慢地从蛋壳中爬出。

印尼喷毒眼镜蛇

印尼喷毒眼镜蛇是一种粗壮的蛇，体长可达2米，长着光滑的鳞片和一个宽宽的脑袋。它们的体色是单一的黑色、棕色或深灰色，背部没有任何斑纹。这种蛇主要通过锯齿上的小孔向外喷射毒液。它们分布在马来半岛和印度尼西亚较大的岛屿上，以青蛙、蜥蜴、其他蛇类和啮齿动物为食。

印尼喷毒眼镜蛇

森林眼镜蛇

森林眼镜蛇是非洲最大的眼镜蛇，并且是唯一一种身体后半部分和尾巴的颜色比身体前半部分深的蛇。它们长着光滑发光的鳞片，头和身体的前半部分是灰棕色的，上面有黑色的大斑点；身体的后半部分是闪闪发光的黑色。成年的森林眼镜蛇体长可达2米，分布在非洲的热带和亚热带雨林，以青蛙、蟾蜍、蜥蜴、蛇、鸟类和小型哺乳动物为食。

当森林眼镜蛇受到打扰时，它会抬起上身进入戒备状态。

绿树眼镜蛇

森林眼镜蛇

绿树眼镜蛇

绿树眼镜蛇是一种修长的大蛇，身上的鳞片很光滑，长着一个狭窄的脑袋，还有一双大大的深色眼睛。它们的头和身体是单一的翠绿色。但幼蛇刚孵化出来时是蓝绿色的。绿树眼镜蛇是一种很危险的毒蛇，其毒性较强，它们还很擅长攀爬，主要分布在非洲东部的灌木和森林地区，食物为鸟类和小型哺乳动物。

盘绕起来，准备进攻。

沙漠黑速蛇

沙漠黑速蛇

沙漠黑速蛇是一种粗细适中的蛇，它们长着发光的光滑鳞片和一双小小的眼睛，通体呈黑色或深灰色，成年蛇体长可达1米。沙漠黑速蛇分布在埃及、阿拉伯半岛的部分地区以及中东的沙漠或多石地带。它们是一种独特的眼镜蛇，但有时易被认为是无害的大鞭蛇，因为它们和大鞭蛇体征相似，并常常会与后者出现在同一区域中。

太攀蛇

太攀蛇

在澳大利亚，十条蛇中有九条属眼镜蛇科，而太攀蛇是其中最危险的一种。太攀蛇是世界第三大毒蛇，能分泌致命毒蛇。它们的身体呈深褐色，头细长。这种蛇主要分布在人口稀少的澳大利亚北部，多见于甘蔗地里。当它们受到打扰时，后果是不可预料的。值得庆幸的是，它们很少袭击人类。

银环蛇

银环蛇又叫"白花蛇"。它们的身上有黑白相间的横纹，黑纹较宽，白纹较窄，躯干中段有30～50个纹，尾部背面有9～15个，尾末端较尖细。银环蛇多生活在水域附近，一般白天隐伏，夜间活动，喜欢捕食鼠类和鱼类，也捕食其他蛇类。银环蛇是一种毒性很强的蛇，且它们的毒液中含神经毒素，咬人不会痛，会使人在不知不觉中延误治疗，最终导致神经麻痹、呼吸衰竭而死。

银环蛇

海环蛇

海环蛇是一种很细的蛇，长着一个十分宽大的脑袋和光滑的鳞片。它们的尾巴是扁平的，以方便游水。身体上装饰着等宽度的黑色和蓝灰色相间的条纹，但鼻子是灰黄色的。海环蛇属海洋蛇类，通常生活在暗礁附近，也出现在多岩石的海滨和红树沼泽。

海环蛇

尾巴扁平，适于在水中迅速游动。

浮游海蛇

浮游海蛇

浮游海蛇身上长着奇怪的六角形鳞片，但这些鳞片并没有像其他蛇的鳞片那样一片压着一片。这种蛇的头修长，尾巴和身体的大部分都是扁平的。其身体一般是艳黄色的，通常沿着背部还有一条深棕色或黑色的线条。

鸟

　　大自然赋予了鸟类飞翔的本领。它们拥有流线型的身体、发达的双翅、轻柔的羽衣和中空的骨骼，所以它们可以在天空中自由飞翔。全世界约有9000种鸟类。所有的鸟都有羽毛和翅膀，包括那些已经失去飞行能力的鸟，比如企鹅。在翅膀的扇动下，鸟的身体获得升力，从而可以在空中翱翔。鸟没有牙齿，却有角质的喙。这些特征使它们的体重较轻，容易飞离地面。很多鸟儿还拥有美妙的歌喉，它们每日用嘹亮婉转的歌声尽情渲染着周而复始的简单生活。鸟类保持着较高的恒定体温，以满足飞翔时耗损较大能量的需要。特殊的肺部构造，让它们可以持久地飞行而不会觉得呼吸困难。

鸟

　　鸟是脊椎动物的一类，也是世界上唯一长有羽毛的动物。它们的骨骼很轻，结构精巧而完善。它们能保持高而恒定的体温（37℃～44.6℃），减少了对环境的依赖性。它们具有快速飞行的能力，能主动迁徙以适应多变的环境。它们具有发达的神经系统和感官，能更好地协调体内外环境的统一。它们具有筑巢、孵化、育雏等较为完善的繁殖方式，从而保证了后代较高的成活率。

能够展翅飞翔，是鸟与其他动物最大的区别。

鸟的羽毛

　　鸟的绝大部分身体被羽毛覆盖着，只有双腿是裸露的。羽毛不仅使鸟保持恒定的体温，更重要的是能让鸟飞行。羽毛是由鸟皮肤上的毛囊长出来的，各部分以一种特殊的方式组合在一起，很容易修整。鸟类的羽毛大致可分为四种类型：体羽、绒羽、尾羽和翼羽。体羽覆盖全身，组成鸟光滑的流线型表面；绒羽蓬松，可以使暖空气不致很快散去；尾羽和翼羽较有力，用于飞行。

各种各样的羽毛

军舰鸟长有直而稍尖的喙，像把小刀。

鸟喙

　　鸟喙是鸟嘴的学名。鸟喙有很多作用，最主要的是捕食、整理羽毛和筑巢。鸟喙的形状、大小由它们所吃的食物及生存环境而定。海洋鸟类的喙粗而直，末端尖，有利于捕捉、撕裂鱼类食物。雀类以种子为食，它们的喙呈圆锥形，小而尖，便于啄开种子的硬壳。鸟用喙梳理羽毛，这不仅起到清洁作用，还能清除藏匿其中的寄生虫等。一些鸟，如鹦鹉，还用喙帮助自己进行攀缘。

细长的鸟喙，可以捉住小昆虫。

翅膀扇动的频率越高，鸟在空中停留的时间就越长。

适于飞行的鸟翅

　　鸟的翅膀形状不同，适于飞行的方式也不同：鹰、秃鹫等长而宽的翅膀适于在天空翱翔；信天翁长而窄的翅膀适于滑翔；雉的翅宽而圆，适于做短程快速飞翔；燕子的翅尖而窄，适于快速飞行。翅膀的大小和形状可以反映出鸟是如何生活的，并有助于我们对鸟的种类进行鉴别，特别是对在高空飞行的鸟的鉴别。

飞行方式

　　不同的鸟，其身体结构和生活习性决定了它们的飞行方式各不相同。有的鸟能借助波涛或峭壁上产生的热气流向上滑翔，如海鸟；大型猛禽，如鹰或秃鹫，也能利用天然的热气流飞向高空，它们翼形宽阔，能长时间不扇动翅膀而在空中翱翔，在急速拍翅时还会发出哨音；有的鸟会盘旋，能直上直下地飞，甚至会背向飞行，如蜂鸟，它们的两个翅膀会转圈，并能通过双翅的上下拍击获得额外的力量。

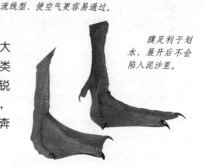

为了在空中保持平衡，鸟要不停地扇动翅膀。

鸟的羽毛紧贴身体，形成一种流线型，使空气更容易通过。

腿与脚

　　有些鸟也用脚和腿四处行走或梳理羽毛。它们脚的大小和形状取决于它们的生活环境和取食方式。如树栖鸟类双腿弯曲，脚趾可以牢牢地抓住树木；鹰等猛禽的脚尖锐而有力，适于抓捕和搬运猎物；飞得高的鸟的脚较小，可以减小空气的阻力；有些鸟的腿长而矫健，适于快速奔跑；鸭、鹅等水禽的趾间有蹼，可起到船桨的作用。

蹼足利于划水，展开后不会陷入泥沙里。

视觉和听觉

　　鸟的眼睛很大，几乎和大脑一样大。它们的目光锐利，这能帮助它们更好地捕食、发现敌情以及飞翔。有些鸟，如猫头鹰，眼睛长在头的前部，视野虽然很窄，但双目交叉视野很大；而有些鸟的眼睛长在头的两侧，视野更开阔。鸟类的听觉十分灵敏，相对人类而言，它们能听到更高频率的声音。鸟类没有外耳，它们的耳朵隐藏在头两侧的羽毛下面。灵敏的听觉对于在黑暗中捕食的鸟类尤为重要。

目光锐利，善于发现敌情。

长腿支撑身体立于水中，还可以在岸上快速奔跑。

嗅觉和触觉

　　大多数鸟的嗅觉不够灵敏，但也有少数例外。如美洲秃鹫，能够嗅到远距离之外的动物腐尸的味道；海燕则靠嗅觉在夜晚返回巢穴。一些鸟用它们触觉灵敏的喙确定猎物的方向，还有一些鸟则有特殊的平衡和磁力定向功能，帮助它们更好地迁徙。如反嘴鹬的舌头和喙的尖端触觉非常灵敏，能感知周围是否有猎物；欧洲夜鹰夜间飞行时，则可用它们大喙周围的短毛把蛾子扫进嘴里。

鸟喙上的两个孔，
既能呼吸，又可闻味。

觅食

　　不同种类的鸟有不同的觅食方法。例如绣眼鸟、太阳鸟喜食花蜜，它们经常倒悬身体，吸吮花朵里的花蜜；大多数鸟在白天觅食，只有猫头鹰等少数鸟类在夜间寻食，因为它们的眼睛在夜晚比白天看物体更清楚；燕子和雨燕在飞行中张开嘴兜捕飞虫；大多数猛禽在空中飞得很高以寻觅猎物，而后向下猛扑，用锋利的双爪把猎物抓住。

猫头鹰的喙呈钩状，能紧
紧叼住鼠、蛙等猎物。

繁殖

　　鸟类都是卵生繁殖。鸟的种类不同，卵的数量也不同：一般小型鸣禽每次产4～6枚卵；企鹅每次只产1～2枚卵。在雄鸟羽毛特别鲜艳的鸟类中，孵卵多由羽毛黯淡的雌鸟来完成，羽毛颜色差别不大的鸟类一般由雌雄双鸟共同孵卵。鸟类身体和卵接触的部分，羽毛会脱落形成孵卵斑。因为这里的微血管发达，皮肤温度高，可加速卵的孵化。

雉的蛋

各式各样的鸟巢

　　鸟类所筑的巢可谓动物界中最精致的。鸟使用的筑巢材料多种多样。为了掌握建造复杂鸟巢的技巧，鸟儿们需要反复练习。燕子称得上是大师级的能工巧匠，它们的巢呈半球形，是用其口中的唾液将泥黏结而成的。啄木鸟、鸮和山雀都是在树洞中安家，但只有啄木鸟用嘴啄出树洞来，另两种鸟则用旧树洞或天然形成的树洞来做窝。

恩爱的疣鼻天鹅

蜂雀的巢

各种鸟蛋

形形色色的鸟蛋

　　有些鸟一季只生一窝蛋，但数目很多；而有些鸟一季生几窝蛋，但每窝数目较少。雌杜鹃会把蛋生在别的鸟（如岩鹨、知更鸟、鸫鹟）的巢中，杜鹃蛋看起来和养母的蛋非常相似，养父母抚育小杜鹃如同己出。鸵鸟蛋是所有鸟蛋中最大的，有20厘米长、2.3千克重，体积相当于24个鸡蛋。而蜂鸟的蛋只有豌豆大小。

幼鸟的发育

　　雏鸟根据孵出来的幼体是否发育完全可分为早成雏和晚成雏。早成雏在孵化时已经充分发育：眼睛睁开，腿脚有力，全身披着柔软的绒羽。幼鸟绒羽干燥后，就能跟随亲鸟觅食，这是大多数游禽共有的特征。晚成雏出壳时眼盲体虚，不能行走，全身只有少数或根本没有绒羽，要经亲鸟喂养后才能完成发育过程。猛禽、攀禽类幼鸟都是晚成雏。

通常，鸟儿在迁徙时会排成整齐的队形。

水域鸟类的栖息环境

鸟的栖息

　　鸟类的分布很广，它们生活在不同环境条件之中，自然而然地形成了各个生态类群，在结构、生理、习性等方面，有着各自的特点。当我们步入一种自然环境中，结合具体的地区和季节等因素，便能大致知道在那里栖居着哪些鸟类。根据鸟类的栖息环境，我们可以把鸟类大致分为水域鸟类、沼泽鸟类、草原鸟类、开阔区鸟类、平原鸟类、林灌鸟类等几大类。

鸟的迁徙

　　不同种类的鸟有不同的迁徙方式和路线。北极燕鸥是候鸟中的冠军，它们每年都在北极和南极之间往返一次。美洲金鸻迁徙的路程最长，它们在加拿大北方繁衍，却飞到阿根廷的南美草原过冬。在两次繁殖季节之间，短尾剪嘴鸥按"8"字形路线由澳大利亚南部飞到北太平洋，然后再飞回去。大灰莺于春夏两季在欧洲繁殖，然后迁徙到非洲撒哈拉沙漠以南去过冬。

"V"形编队

　　许多鸟类在迁徙中会采取"V"形编队。这是因为鸟类迁徙的路程都很长，体力消耗特别大，呈"V"形编队有助于鸟类在漫长的旅途中节省能量。鸟在飞行过程中会有"滑流"，追随在头鸟之后的鸟如果处于"滑流"中会减少体能的消耗。如果领头鸟累了，它后面的某一只鸟会自动补位，所以在迁徙途中很少有鸟因体力不支而掉队。

大雁的"V"形编队

不会飞的鸟

　　经历了几百万年的进化，有一些鸟逐渐丧失了飞行的本领，如几维、鸸鹋、鸵鸟和企鹅等。这些鸟大多体形较大，长有长腿或长颈，生活在开阔地带。在陆地上，这些鸟靠着强有力的腿行走或奔跑。企鹅的腿短，在陆地上不能疾行，而是靠着类似鳍状肢的翅膀在海水中疾行。

高耸的角质冠，是食火鸡的显著特征。

角质冠

耳孔

飞羽的末端渐细，呈细丝状。

漂亮的肉垂

食火鸡

几维

食火鸡

　　食火鸡，学名鹤鸵，主要栖息在澳大利亚和巴布亚新几内亚的热带雨林中。它们的翅膀短小，头部裸露，颈部有红蓝色的垂肉，且垂肉的颜色会随着年龄增长而发生变化。当受到惊扰时，食火鸡常把头钻入密林中。这时，头顶的角质冠便起了保护作用。除繁殖期成对活动外，它们平时都单独生活。食火鸡善奔走，会游泳，而且好斗。它们以植物和小动物为食。

几维

　　几维的头很小，眼也小，头颈部披羽毛，嘴长，且下部弯曲成圆筒状，鼻孔在喙的端部，并有硬的嘴须，触觉十分敏锐。几维的耳孔很大，听觉灵敏。它们的体羽呈柳叶状，后端纵裂，缺少羽干，没有坚硬的廓羽。它们多栖息在山地密林中，喜群居，主要以蠕虫、昆虫和落地浆果等为食，属夜行性鸟。目前，几维仅分布在新西兰。

鸵鸟

鸸鹋

鸸鹋的体形较大，主要生活在较开阔的半沙漠、草原和林地等环境。鸸鹋是澳大利亚个子最高的鸟，在棕灰色羽毛的映衬下，其暗蓝色的喉部十分显眼。它们的翅膀短小，隐藏在长而蓬松的体羽下。雌鸟体形比雄鸟略大。鸸鹋善跑，奔跑的时速可达48千米。鸸鹋以种子和昆虫为主食，因此常被认为是农田的害鸟。

鸸鹋

美洲鸵鸟

美洲鸵鸟栖息在南美洲开阔的平原上。与其他种类的鸵鸟相比，它们的体形较大，羽毛都是棕色的。当其在开阔的草原上奔跑时，也会像飞行一样把翅膀张开，以获得上升气流的助力。美洲鸵鸟会游泳，并常群集到湖泊或河流中去饮水和洗浴。它们喜群居，但年老的雄鸟有时会主动从群体中退出，单独活动。在繁殖季节，雄鸵之间常为争夺配偶而互相用力踢对方。

美洲鸵鸟

美洲小鸵

美洲小鸵也称小美洲鸵，身高只有90厘米，是鸵类中最小的一种。小鸵的体色为灰褐色，间杂一些棕色。它们的尾羽已退化，足有三趾，善奔跑。其习性与美洲鸵鸟十分相近。美洲小鸵主要分布于阿根廷、秘鲁、玻利维亚、智利等地，栖息于稀疏林地、灌木丛和草原之中，以植物和小动物为食。

强健有力的腿

粗短的脚趾

美洲小鸵

非洲鸵鸟

非洲鸵鸟体形较大，高可达2米以上。它们的头小，颈长，嘴短而平，眼睛较大。成年鸵鸟雌雄羽色各异，雄鸟体羽黑色，颈部裸露呈肉红色，杂有棕色绒羽；雌鸵及幼鸵的体羽为灰褐色。非洲鸵鸟的腿特别发达，跑起来强劲有力，同时也是重要的防卫武器。其脚只有两趾，趾下生有厚厚的肉垫，适合在沙漠中奔跑。目前，非洲鸵鸟主要分布在非洲西北部和东南部。

非洲鸵鸟

企鹅

企鹅是海洋性鸟类，身体呈流线型，两翼退化成桨状，没有飞行能力，主要用于划水。它们可以站立行走，但速度很慢。其羽毛短而弯曲，紧密地贴在身上，表面呈鳞状。大多数企鹅的颈和腹部为白色，嘴端有明显的钩状伸出。企鹅主要分布在南极洲，在陆地和水域中生活，以鱼类为食。它们通常在地面筑巢，每次产卵1～3枚，雌雄企鹅轮流孵卵。

幸福的一家

阿德利企鹅

阿德利企鹅是一种小型企鹅，体长只有70厘米。它们善游泳和潜水，走起路来摇摇摆摆，还能将腹部贴在冰面上滑行。它们多在远离南极海岸的冰冷水域中觅食，猎食磷虾，也吃小鱼。通常，在南极的夏天时，它们会在拥挤的群体中筑巢。繁殖期，每只企鹅都会返回原巢址，寻找原配偶。一对企鹅每年一般会哺育两只幼鸟。

冠企鹅

冠企鹅也是一种小型企鹅，重2～3千克。其明亮的黄色羽毛冠从头部的两侧耷拉下来，就像两道下垂的眉毛。因为它们的聚居地大多是在海边的岩缝或陡坡之处，所以它们走路时总是双脚往前跳，一步可以跳30厘米高。冠企鹅从悬崖上跳入水中时，双脚合并，头上脚下地入水。这是所有企鹅中唯一一种以如此方式跳水的企鹅。冠企鹅经常迅速攻击对它们有威胁的任何人或动物。

像毛皮一样细密的羽毛。

阿德利企鹅

冠企鹅

皇帝企鹅

皇帝企鹅是最大、最重的一种企鹅，体长95厘米，体重可达40千克。皇帝企鹅喜结群，善游泳和潜水，但行走笨拙。在海洋取食期间，它们的身体内积满了一层厚厚的脂肪。在追捕鱼类时，皇帝企鹅靠着鳍状翅膀的推动前进，时速可达265米。它们在冰雪上活动时，时常以腹部触地，凭借鳍状翅像雪橇一样向前滑行，非常可爱。

皇帝企鹅

帽带企鹅

帽带企鹅身高43～53厘米，体重4千克。其最显著的特征是脖子底下有一道黑色条纹，像海军军官的帽带，显得威武、刚毅。因此有人称之为"警官企鹅"。帽带企鹅的繁殖季节在冬季，雌企鹅每次产2枚蛋。蛋由雌、雄企鹅双方轮流孵化，先雌后雄，雌企鹅先孵10天，以后每隔二三天雄、雌企鹅轮流换班。雏企鹅2个月后即可下水游泳。

帽带企鹅

企鹅	
目 科：企鹅目	
分 布：南极洲、澳洲、非洲、南美洲的海洋	
栖息地：海水、多岩石的岛屿、海岸	
食 物：甲壳类动物、鱼、乌贼	
巢 穴：石头、草、泥、洞穴或地洞	
产卵数：1～2枚	
大 小：40～115厘米	

巴布亚企鹅

巴布亚企鹅体长81厘米，其眼睛上方有一块明显的白斑，主要分布于福克兰群岛、南乔治亚岛、马阔里岛、克尔盖伦群岛、马里恩群岛、奥克尼群岛、斯得兰群岛。巴布亚企鹅非常胆小，当人们靠近时，它们会很快地逃走。通常，它们会在南极洲和亚南极地区的岛屿上筑巢繁殖。幼鸟先后换羽两次。其主要敌害有贼鸥、海豹。

国王企鹅

巴布亚企鹅

黄眼企鹅

黄眼企鹅的名字意味着它们有一双不同寻常的橙黄色的眼睛。这是继皇帝企鹅和国王企鹅之后的第三大企鹅，身长70～80厘米。它们主要生活在新西兰南岛的东南海岸。成年企鹅的头顶上、脸颊上和下巴上都有淡黄色的的羽毛，围绕着眼睛，甚至头部和颈部等处还有一个宽宽的黄色羽毛带。其身体上半部分其他位置的羽毛颜色都是青蓝色，身体下部分则是白色。

黄眼企鹅

国王企鹅

国王企鹅身长90厘米左右，外形与皇帝企鹅十分相似，但身材比皇帝企鹅"娇小"些。它们的嘴巴细长，脖子下的红色羽毛非常鲜艳，并向下和向后延伸出很大面积。其羽毛色彩是企鹅中色彩最鲜艳的。国王企鹅主要以近海乌贼和鱼为食。它们上岸的方式很特别：先是靠最后的冲刺力量冲到岸上，腹部着陆向前滑行几米，然后用嘴和两翼撑地站立。

游禽

游禽是对喜欢在水中取食和栖息的鸟类的总称。游禽种类繁多，包括雁、鸭类、鸥类等。游禽常选择沿海、河湖岸边等地休息，善于游泳和潜水。它们的嘴大多宽阔而扁平，适于捕食鱼、虾等猎物。其用于繁殖的窝成平盘状，可浮在水面上。飞行时，它们的脚通常向身体的后方伸，飞翔速度很快。天鹅、雁、野鸭等换羽时，常是飞羽同时脱落，且连续几周都不能飞行。这是它们最易受到伤害的时候。

游禽

风力越大，海鸥的飞行速度越快。

海鸥

海鸥具有纤细的嘴，头圆而平。海鸥的骨骼是空心管状的，里面充满空气，这不仅便于飞行，又很像气压表，能及时预知天气的变化。如果海鸥离开水面高飞，或成群聚集在沙滩上或岩石缝里，则预示着暴风雨即将来临；如果它们贴近海面飞行，那么未来的天气将是晴朗的；如果它们沿着海边徘徊，那么天气将会逐渐变坏。此外，海鸥还有沿港口出入飞行的习性，所以也可将其作为寻找港口的依据。

燕鸥

燕鸥是鸥科中的一种中型水禽，一般体长三四十厘米，体重为150克左右。燕鸥是鸥的同类，但和鸥有点差异，它们用比鸥还要小的力量就可以飞翔。有的燕鸥到海洋捕食，有的则在海岸近处捕食。其种类中最出名的为北极燕鸥、黄嘴河燕鸥、黑嘴端凤头燕鸥、黄金鸥等。它们多栖息于海岸岛屿，有的为夏候鸟，有的为冬候鸟。

燕鸥

海鹦

海鹦

海鹦，又名角嘴海雀、海鹦鹉，产于北大西洋。它的翅膀非常柔弱，不能飞行。海鹦天生喜爱群居，它们的窝巢彼此距离很近。正在育雏的雌海鹦是鸟群的中心，它们受到大家的保护，所以很少受到食肉鸟类的侵袭。雏鸟出壳3个星期后，虽然两只翅膀还没有长全，但在父母的鼓励下，它们会跳上峭壁，开始自立。海鹦将蛋产在狭窄的石峰上，海风吹来，海鹦蛋只是在原地打转，不会滚走摔碎。原来，海鹦的蛋是梨形的，这是海鹦适应环境的结果。

信天翁

　　信天翁体形粗胖，嘴较长而侧扁，前端向下弯曲成钩状，比较锐利。其颈部较长，翅膀较发达，长而窄，尾羽较短，脚位于身体的后部，飞行时向后仰，紧贴于尾羽的两侧。全世界信天翁科鸟类共有2属13种，我国有1属2种。由于太平洋岛屿的多次大规模火山爆发，以及人们为了获取商业用的信天翁羽毛而进行过度猎捕，致使信天翁种群数量日趋下降，世界上仅存信天翁700多只，几近灭绝。

信天翁

信天翁完全成熟后，羽毛变为雪白色。

军舰鸟

　　军舰鸟又名军人鸟，属鹈形目军舰鸟科，在全球大约有5种，是一类大型的海鸟。军舰鸟的翅膀特别细长，翼展长度可以达到2.3米，还有很长的叉形尾巴。其飞行的速度特别快，技巧特别高，且飞行时间很长，除非是要睡觉和筑窝，否则它们不会在地面上停留。由于羽毛没有足够的油脂来防水，军舰鸟从不主动降落在水面上。它们可以毫不费力地在高空中翱翔，经常像闪电一样俯冲下来，捕捉那些惊慌失措的鲣鸟或其他海鸟丢下的鱼。

长而有钩的喙

军舰鸟

雄鸟鼓起红色的喉囊，用来吸引雌鸟。

鹈鹕

　　鹈鹕是一种大型的游禽，属鹈形目鹈鹕科，又名塘鹅，在世界上共有8种，大多分布在欧洲、亚洲、非洲等地。鹈鹕是沼泽地区一种常见的水鸟。它们具有小小的眼睛、长长的脖子，以及与众不同的喙。鹈鹕以水生动物为食，鱼类是它们特别爱吃的食物。鹈鹕有大大的且具弹性的囊，捉到鱼后，它们把鱼储存在囊里，在休息的时候把鱼吃掉，或带回巢穴中喂食幼鸟。

白鹈鹕

　　白鹈鹕的嘴长而粗直，呈铅蓝色，嘴下有一个橙黄色的皮囊，黑色的眼睛在粉黄色的脸上极为醒目。它们全身的羽毛都是雪白色，稍微缀有一些橙色。头的后部有一束长而狭的悬垂式冠羽，翼尖的飞羽为黑色，与白色的翼下覆羽形成鲜明的对照。白鹈鹕主要栖息于湖泊、江河、沿海和沼泽地带。它们常成群生活，善于飞行，善于游泳，在地面上也能很好地行走。

白鹈鹕　　　　鹈鹕

涉禽

涉禽是指那些适应在沼泽和水边生活的鸟类。它们的外形常具有"三长"特征，即腿长、颈长、嘴长，适于涉水行走，不适合游泳，休息时常一只脚站立。涉禽大部分是从水底、污泥中或地面获得食物。鹭、鹳、鹤和鹬等鸟都属于这一类。

丹顶鹤舞姿优美。

引吭高歌的丹顶鹤

丹顶鹤

丹顶鹤是世界上最大的珍稀鹤类，栖息在广阔的河滩沼泽地带。它们的飞行能力很强，迁徙路线和觅食地点通常固定不变。每年春天，小群的丹顶鹤从南方陆续迁来。在进入交配期之前，雄鹤便将跟随的幼鹤驱逐，让它们去单独活动。交配期间，雌雄鹤不断翩翩起舞，或引颈高鸣，声音可传到2千米之外。丹顶鹤一般每年4月中旬至5月中旬产卵，雌雄鹤轮流孵卵。

白鹤

白鹤属鸟纲鹤目鹤科，是一种大型迁徙涉禽，周身洁白，唯有在飞翔时两翅呈黑色，故又称为"黑袖鹤"。成年白鹤身姿优美，身长约135厘米，体重约八九千克，有棕黄色长刀状的喙和粉红色的长腿。飞行时，它们颈部上扬，长腿拖在身体后面，姿态十分优美。白鹤实行"一夫一妻"制，每次繁殖时产两个卵，但只能养活一只幼鸟。白鹤喜食水生植物和贝、螺类食物，因而主要栖息在水边和沼泽地上。

嘴长而直，适于探入水中捕食。

腿部修长，适于支撑身体立于水中。

白鹤

白鹤王国

近年来，据动物学者统计发现，在我国鄱阳湖自然保护区越冬的白鹤已达2896只，这个数字占到全球白鹤总数的98%以上，鄱阳湖也因此成为闻名世界的白鹤王国。这是因为鄱阳湖的气候、水土以及其他生态条件得天独厚，非常适合白鹤生存，所以白鹤喜欢到那里定居。

东非冕鹤

东非冕鹤也叫灰冠鹤、东非冠鹤，它们头上有美丽的冠羽，身体的颜色比较浅，几近灰色，颊部有白色和粉红色的斑，鲜红的肉垂更明显。这种鸟分布在非洲东部，是乌干达的国鸟。和其他鹤一样，东非冕鹤结对栖息，并且群居。它们通常要迁徙到很远的地方繁殖。它们的求偶方式非常奇特，雌鹤和雄鹤首先昂首挺胸地走到一起，然后相互鞠躬致意，最后一起跃向高空。

灰鹤

灰鹤是涉禽中体型较大的种类，成年灰鹤体长约110厘米，全身大部分羽毛为石板灰色，眼和前额为黑色，头顶无羽，露出裸露的红色皮肤。灰鹤常迈着长腿在开阔的地方栖息、觅食。它们总是用锋利的长喙迅速地叼住植物种子或昆虫。和其他鹤一样，灰鹤也有结队栖息、群居的特性。灰鹤通常迁徙到很远的地方繁殖。交配后，雌雄双鹤会共同营巢。灰鹤的长气管能发出很大的类似喇叭声的鸣叫，即使在2千米以外的地方也能听到。

白鹭

牛背鹭

东非冕鹤

灰鹤

白鹭

大多数白鹭有白色羽毛，到了繁殖季节，枕部便生出了两条狭长而柔软的矛状羽毛，长达10余厘米，轻盈飘垂着，犹如两条辫子。白鹭喜欢在湖泊、沼泽和潮湿的森林中生活。它们主要以小型鱼类、哺乳动物、爬行动物、两栖动物和浅水中的甲壳动物为食，通常将巢穴筑在树上、灌木丛中或者地上。

牛背鹭

在鹭类中，只有牛背鹭是以飞蝗或流石蚕蛾的幼虫、蜘蛛为主食，因为它们很会抓水牛走过后飞起的飞蝗且经常停留在牛背上，所以叫做牛背鹭。牛背鹭体小，但很健壮，颈短，喙粗大。它们的羽毛以白色为主，头、颈、胸及背上饰有橙黄色羽毛，嘴和眼等裸露部分为橙色。到了冬季，牛背鹭的橙黄色羽毛脱落，羽毛完全变成白色。

宽阔的翅膀

大青鹭

大青鹭

大青鹭是美洲鹭中最大的一种，一般出现在淡水和咸水栖息地，在水流缓慢的沼泽和死水中猎食鱼、蛙和其他生物。大青鹭有时也涉入齐腹深的水中找鱼，有时则在陆地上的开阔地区潜伏守候，以捕食鼠、地鼠等动物。

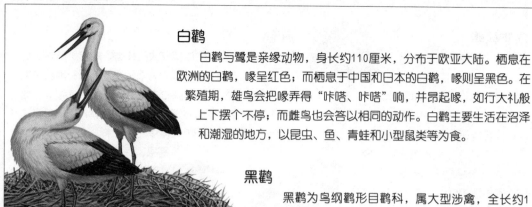

跳求偶舞的白鹳

白鹳

白鹳与鹭是亲缘动物，身长约110厘米，分布于欧亚大陆。栖息在欧洲的白鹳，喙呈红色；而栖息于中国和日本的白鹳，喙则呈黑色。在繁殖期，雄鸟会把喙弄得"咔嗒、咔嗒"响，并昂起喙，如行大礼般上下摆个不停；而雌鸟也会答以相同的动作。白鹳主要生活在沼泽和潮湿的地方，以昆虫、鱼、青蛙和小型鼠类等为食。

黑鹳

黑鹳为鸟纲鹳形目鹳科，属大型涉禽，全长约1米，体重2.5～3.4千克。它们生活在开阔沼泽、湖泊、河流的浅水区以及水田中，以鱼、虾、蛙、蟹等为食。黑鹳为候鸟，夏天在北方繁殖，秋天飞往南方越冬，迁徙时结群飞行，平时单独活动。繁殖季节，黑鹳在大树或悬崖上的石隙中筑巢。每窝产卵3～5枚，雌雄鸟共同喂养幼鸟。黑鹳不会发出叫声，但能用上下嘴快速叩击发出"嗒嗒嗒"的响声。

黑鹳

火烈鸟

火烈鸟是唯一用过滤法来吞食食物的鸟。其羽毛为朱红色，远远看去，就像一团熊熊燃烧的烈火，故得名。火烈鸟主要分布在亚洲西部、非洲北部及亚热带美洲的大西洋沿岸一带。它与鹳、鹤十分相似，颈、腿较长，三个前趾为全蹼。它们的体形大得出奇，约为130～142厘米，双翼展开达160厘米以上。火烈鸟为群体觅食，最多时达100万只，主要以浅水中的小型甲壳动物、蠕虫和软体动物为食。

凹嘴鹳

凹嘴鹳的腿细长，身材高挑，喙宽壮且颜色鲜艳。它们经常出没在水域中，有时站在水中用力啄击所见到的鱼；有时在水生植物间行走并随意啄击；有时在浊水中将喙来回摆动，靠触觉捉鱼。凹嘴鹳一般成对分散在树上筑巢、栖息。求偶时，雄鹳会展翅奔跑，露出带有斑纹的羽毛。

凹嘴鹳

火烈鸟

朱鹮

朱鹮

朱鹮是珍稀禽类。它们有着洁白的羽毛，翅及尾处略呈粉红色，脑后有较长的羽冠。整个头部没有羽毛，露出鲜红的皮肤。朱鹮体形较大，长而黑的嘴在末端下弯。它们主要栖息在海拔1200～1400米的疏林地带，在附近的溪流、沼泽及稻田内涉水觅食小鱼、蟹、蛙等水生动物，也吃昆虫。春夏时节，朱鹮一般在高大的树木上休息及夜宿，到秋冬季就成小群地向低山及平原地区游荡。

全身披覆鲜红色的羽毛，十分醒目。

喙长而弯便于在水中探取食物。

美洲红鹮

独特的半蹼足，使其不会陷入泥沙中。

美洲红鹮

美洲红鹮羽色鲜红，总是成群地在沙滩、咸水湖、红树林和沼泽里觅食，并一起在沼泽中的大树上过夜，因此十分显眼。它们的喙细长弯曲，以泥滩中的蟹类、软体动物和沼泽地中的小鱼、蛙和昆虫等小动物为食。其叫声高亢而忧伤。

反嘴鹬

反嘴鹬

在涉禽中，反嘴鹬的喙是唯一陡然上翘的。它们的羽毛以黑、白二色为主，细长的腿为灰色。飞行时，从下面能看到它们的体羽全白，有黑色的翼上横纹及肩部条纹。飞行中，它们还经常发出清晰似笛的叫声。反嘴鹬的繁殖地在中国北部；冬季则结大群在东南沿海及西藏至印度越冬。成鸟为保护幼鸟，常会佯装断翅状，以将捕猎者从幼鸟身边引开。

黑翅长脚鹬

黑翅长脚鹬，又名长腿娘子，因为它们的腿是鸟类中最长的。其头和羽冠皆白，杂以黑色；后颈少数羽毛有黑端；上背、肩和两翅为深黑色羽毛，并有金属般的绿光。黑翅长脚鹬主要生活在江边或湖畔，在浅水处结小群觅食水生动物，并把巢建在开阔的泥地上。这种鸟在西伯利亚东部、中国东北、朝鲜和日本繁殖。冬季，除澳大利亚及附近地区以外，该鸟几乎遍布世界各地。

黑翅长脚鹬

陆禽

　　陆禽是对在地面上生活的鸟类的总称。这些鸟一般体格健壮，翅膀尖为圆形，不适于远距离飞行；嘴短钝而坚硬，腿和脚强壮而有力，爪为钩状，很适于在陆地上奔走及挖土寻食。陆禽主要以植物的叶子、果实及种子等为食，大多数用一些草、树叶、羽毛、石块等材料在地面筑巢，巢比较简单。雉类、鹑类和鸠鸽类等都属于陆禽。

雄

红原鸡

　　红原鸡是家鸡的祖先，目前已在世界各地被广泛饲养。红原鸡最长可达55厘米。雄鸡看起来很像家养的公鸡。它们发出的声音十分刺耳。雌红原鸡比家鸡苗条一些，通常为棕色。现在饲养的红原鸡的数量比野生的要多出许多倍。

红原鸡

普通松鸡

　　普通松鸡的雄鸟头顶、背、胸为金属翠绿色羽毛，羽冠为紫红色；尾羽较长，且有黑白相间的云状斑纹。雌鸟上体及尾大部分为棕褐色，缀满黑斑。这种鸟多活动在多岩的荒芜山地、灌木丛及矮竹间，以农作物、草籽等为食，兼食昆虫。每年4月下旬，普通松鸡开始繁殖。它们将巢筑在人和动物罕至的树木枯枝下或巨岩缝隙里，非常隐蔽。普通松鸡在世界上的分布范围很广，在我国主要见于内蒙古西北部和新疆北部。

白腹锦鸡

　　白腹锦鸡又名笋鸡、衾鸡、铜鸡。雄鸟全长约140厘米，雌鸟约60厘米。雄鸟头顶、背、胸覆金属翠绿色羽毛，羽冠为紫红色，后颈披肩羽为白色，具黑色羽缘。它们的尾羽很长，有黑白相间的云状斑纹，这也是其最显著的特征。白腹锦鸡为植食性鸟类，喜取食各种农作物、植物的种子等，主要分布在中国西南山区，常出没于灌丛矮树间，随季节变化有较明显的迁移行为，冬宿山麓，夏攀山脊。

普通松鸡

白腹锦鸡

大眼斑雉

大眼斑雉

　　大眼斑雉是东南亚最美丽的鸟之一，主要见于泰国、马来西亚和印尼。它们都有蓝色的头部和灰棕色的身体。雄鸟还有巨大的尾羽，上面饰有眼状的斑点。在求偶时，它们会展示这些斑点，竭尽全力地吸引异性。但是，在完成这些工作后，它们既不筑巢，也不抚养后代。

麝雉

　　南美洲麝雉是世界上最古怪的鸟之一。它们长着大大的喉囊和穗状的冠，栖息在靠近河湖的茂密森林里。麝雉完全靠吃植物叶子为生，所以食量大，所食植物的种类也很多。因为它们身上会发出刺鼻的气味，所以也被叫做"臭雉"。麝雉一般在树上或灌木丛中筑巢，每次产卵2～3枚，孵化期为28天。如果受到威胁，小麝雉会潜到巢穴下面的水中躲避危险。

麝雉

高丽雉

中华鹧鸪

　　中华鹧鸪体长22～35厘米，体羽以棕色、黑色、白色为主。它们分布在印度、缅甸、泰国和中国长江以南等地，栖息于干燥的山谷内及丘陵的沙坡上。它们飞行迅速，生性机警，以蚱蜢、蝗虫、蟋蟀、蚂蚁等昆虫为食。每年3～6月繁殖季节，中华鹧鸪会筑巢于山坡草丛或灌木丛中。

中华鹧鸪

高丽雉

　　高丽雉属于观赏雉类，其最主要的特点在于其颈上具有一个完整的白色环，但也有例外，台湾等地的高丽雉的环就是不完整的，白环在其前端分开。另外，高丽雉雄性较美丽（少数有例外），其华丽的外表可用来吸引雌鸟前来交配，越是美丽的雄鸟越具有超强的竞争能力。

果鸠

　　与其他鸽类相比，果鸠的羽毛颜色很丰富：灰绿色的身体，橘色的翅膀，头冠呈鲜紫色。羽毛的颜色和它们栖息的林地树叶的颜色十分相似。果鸠一般生活在热带和亚热带森林里，主要在树顶上觅食，偶尔也到地面上来，喜欢吃一些油脂丰富的小型水果。

果鸠

灰林鸠

灰林鸠身长约41厘米，分布在欧洲及南亚一带，主要活动于森林里，在公园、庭院等地也可见到。灰林鸠的食物大多是植物的种子、树芽、谷子、果实等。由于常是集体活动，有时它们会把田里的作物都吃光，给人类造成很大的损失。灰林鸠也有精彩的求偶表演。求偶时，雄鸟先由树上振翅上飞到某一高度后，再滑翔而下，之后对雌鸟鸣叫，并反复行礼。

灰林鸠

绿鸠

绿鸠

绿鸠主要分布在日本、东南亚等地。其中央一对尾羽为橄榄绿色，两侧尾羽为灰绿色或灰黑色，额部、喉部为亮黄色。它们一般栖息在山地针叶林和针阔叶混交林中，常成小群或单独活动。绿鸠飞行快而直，能在飞行中突然改变方向。它们主要以山樱桃、草莓等浆果为食，也吃其他植物的果实与种子。

家鸽

维多利亚皇鸽

维多利亚皇鸽是鸽族中最大的成员之一。它们的色彩艳丽而又稀有，在扇形的冠上带有一些好像镶着蕾丝花边的羽毛。维多利亚皇鸽栖息在热带雨林中，以地上的甲虫、蚯蚓、蜗牛和掉落到地面的果实为食。因为维多利亚皇鸽常被人类猎杀，数量正在急剧减少。

家鸽

家鸽身体矮壮，头小，行走时头部总要前后摆动。家鸽大多是素食者，以植物的叶子、种子和水果为食。它们都是能力超强的飞行家，一发现危险，就会快速拍打翅膀，飞向空中。家鸽通常在树上、岩石上或地上用木棒和小树枝做巢。它们还有一个不同寻常的特征，那就是用从喉咙里产生的一种流质食物来喂养子女。

哀鸽

漂亮的头冠

维多利亚皇鸽

哀鸽

哀鸽主要生活在干旱的灌木丛、开阔林地、农田、花园及城镇中，以各种植物种子及绿色嫩枝等为食。雄鸟求偶时，会拍翅上飞，然后垂直滑下，弄出响声，或在地面上低下头展示它那蓬松的颈羽。哀鸽通常将巢建在树上或灌木丛中。

原鸽

　　暗蓝色的原鸽是世界上所有家鸽的祖先。原鸽体长29～35厘米，栖息于平原、荒漠和山地岩石地带，一般成群活动，以各种植物种子和农作物为食。原鸽通常在靠近大海的悬崖平台上筑巢。在野生环境下，原鸽每次能产2枚卵，通常每年孵化2～3次，孵化期为17～18天。

原鸽

孔雀

孔雀

孔雀	
目　科	：雉科
分　布	：中国、刚果（金）、印度、斯里兰卡、巴基斯坦以及其他人工放养地区
栖息地	：森林、林地、农田、公园
食　物	：谷物、浆果、昆虫、小型爬行动物
巢　穴	：建在地面上的简易浅坑
产卵数	：每次3～8枚
大　小	：雄性可达2.3米，雌性为1米

孔雀

　　孔雀是世界上著名的观赏鸟。雄孔雀羽毛大致为翠蓝及翠绿色，具有鲜明的金属光泽；其脸部裸露发蓝，头部翠绿色冠羽竖起。雌鸟一般无长尾，色彩也不及雄鸟艳丽。雄鸟的羽毛移动时，羽毛上闪亮的"眼睛"——眼斑会随着位置的变化而改变颜色。孔雀不善飞行，遇到危险时则利用它们那强健的双脚急速逃走。世界上的孔雀主要有蓝孔雀、刚果孔雀和中国的绿孔雀。

蓝孔雀

　　雄性蓝孔雀的羽色艳丽，头部冠羽呈扇形，尾屏的眼斑羽惹人注目，颈部鲜亮奇异的蓝色使其在色彩世界中独占一席；尾部长有强健的肌肉，这使它们能把华美的长尾展开。平时，雄孔雀的尾屏折叠着拖在身后。当它们发现雌孔雀时，就会把美丽的尾屏展开，形成由绿色和蓝色组成的耀眼的拱形，并微微地抖动。

蓝孔雀

绿孔雀

　　绿孔雀主要分布在我国云南南部，栖息于海拔2000米以下的河谷地带，以及疏林、竹林、灌丛附近的开阔地，多见一雄伴多雌行动。雌鸟羽毛以褐色为主，带绿色光，无尾屏。雄鸟体羽为翠绿色，头顶有一簇直立的羽冠，尾羽至尾屏可达1米以上，羽上有众多的由紫、蓝、黄、红色构成的大型眼状斑，开屏时显得异常艳丽。

尾屏修长，可达160厘米。

尾屏发达，由近150根羽毛组成。

与用于飞行的羽毛不同，孔雀的尾羽没有连在一起。

绿孔雀

攀禽

吃鱼的翠鸟，吃毛虫的杜鹃，学人说话的鹦鹉以及雨燕、戴胜、夜鹰、蜂鸟等都属于攀禽。它们大多数都生活在树林中，能凭借强健的脚趾和坚韧的尾羽，使身体牢牢地贴在树干上。因为它们的趾几乎是等长的，其中两趾在前，另两趾在后，这样能使它们紧紧地攀附在树枝上。攀禽中食虫益鸟比较多，如啄木鸟、杜鹃等。许多攀禽体色艳丽，是著名的观赏鸟。

艳丽的体色

两趾向前。

两趾向后。

巨嘴鸟

普通翠鸟

普通翠鸟

普通翠鸟的羽衣鲜艳，青绿色和橘黄色的羽毛使它们看起来很像热带地区的鸟类。它们的喙长而坚固，大多数尾短或适中。其娇小的体形意味着它们只能抓到比较小的鱼。普通翠鸟不用筑巢材料，只用喙和爪子在河岸挖洞为巢。它们很细心地把巢的出口朝下，这样雨水或河水就灌不进去。翠鸟的捕猎技术是非常高明的，这从它们的栖身之地常堆满鱼骨头就可看出。

笑翠鸟

澳大利亚笑翠鸟因为它们的叫声很像滑稽的大笑声而出名。笑翠鸟通常以家族形式栖居。如果群鸟中的一只开始叫，其他鸟就会跟着叫。笑翠鸟主要栖息在干燥的森林里，捕食昆虫、蜥蜴，也擅长捕蛇。和水边的翠鸟一样，笑翠鸟在吞掉食物前，也先把猎物摔晕再享受。它们通常在树干的空洞中筑巢。

美丽的羽冠

嘴部细长，适于捕食。

戴胜

戴胜的头顶上有一顶鲜艳的羽冠，张开时就好似一把美丽的折扇。戴胜体色灰黄，翅上长有黑白相间的斑纹，这样的一身装扮可以使它们和周围的环境融成一体，起到很好的保护作用。雌戴胜在孵卵期间，会从尾部分泌出一种黑棕色的液体，这种液体有着刺鼻的臭味，老远就能使入侵者打消不良的念头。另外，刚刚孵出的小戴胜也能分泌出一种带有恶臭的绿色液体来保护自己。

翅不停地扇动，使之可以在空中稍做停留。

戴胜

犀鸟

全世界已知的犀鸟达45种之多。它们有一张看似笨拙的喙，大并且弯曲，喙基的顶部有盔状突起。犀鸟常把家安在树洞里。在孵化期，它们会用泥和粪便将洞口堵住，仅留一个小孔。雄鸟每次就从小孔处将食物送入巢内，而雌鸟则将粪便从小孔处喷出巢外。当幼鸟独立后，雌鸟便打破洞口离开洞巢。在大约4个月的孵化期内，雄鸟会为自己的伴侣带回2万多颗果子！

犀鸟

蜂鸟

蜂鸟是世界上最小的鸟类，大小和蜜蜂差不多。它们披着一身艳丽的羽毛，有的还长着一条随风飞舞的长尾巴。它们的嘴巴又细又长，像一根管子，能伸到花朵里面去吸取花蜜，飞行时能发出"嗡嗡"的似蜜蜂叫的响声，因而被称为蜂鸟。蜂鸟是飞行高手，它们每秒钟可以拍动翅膀20～200次，身体可以向上、向下甚至向后灵活地运动。

蜂鸟

啄木鸟

喙如同凿子一般，可以轻松地啄开树木。

啄木鸟

长长的舌头顶端有许多钩，增强了抓捕昆虫的能力。

具有特殊的明暗相间的图案，便于在树林中隐藏。

啄木鸟以在树皮中探寻昆虫和在大枯木中凿洞为巢而著称。它们的双脚稍短，两趾向前，两趾向后，且有弯曲锐利的爪，能牢牢地抓住树干。啄木鸟的尾羽坚硬而有弹性，沿树干攀缘时，尾巴起着支撑身体的作用。它们的喙强直尖锐，像凿子一样。舌头比其他鸟的舌头长5倍，顶端长有钩状的刺。所有这一切特别的构造，都是为了使它们能够竖立在树干上啄食树中的害虫而生。

坚硬的尾羽支在树干上，为身体提供额外的支撑。

啄木鸟的防震装置

啄木鸟一天大约可发出500～600次啄木声，啄击速度甚至比子弹出膛时的速度还快。它们之所以能承受如此大的冲击力，是因为它们的头部有一套非常严密的防震装置。它们的头颅异常坚硬，但骨质疏松，又充满了气体，就像海绵一样；头部两侧还有强有力的肌肉系统。这些结构都能减弱震波的传导。所以，啄木鸟在啄木时不会发生脑震荡。

猛禽

猛禽一般体形较大，性格凶猛，适于捕猎，有锐利的脚爪和喙、敏锐的视觉以及强大有力的翅膀。猛禽主要包括鹰、鸢、雕、隼、鹫等。它们一般在白天活动，多停留在树上或岩崖等处，伺机捕食。多数猛禽以鼠类为食物，是灭鼠高手。

猛禽

苍鹰

苍鹰，俗称"鸡鹰"或"黄鹰"，是一种生活在北美及欧亚大陆的中型猛禽。其体长一般在50厘米左右，雌性体形略大。苍鹰上体苍灰色，眼上方有白色眉纹，肩羽和尾上覆羽有灰白色横斑，飞羽及尾羽上有暗褐色横斑；下体胸、腹及覆腿羽均有黑褐色横斑。苍鹰有雌雄成对生活的习性。它们在高树上筑巢，以松枝搭成皿形巢。雄鸟担当寻找食物的职责，而雌鸟只负责孵卵。苍鹰是民间驯鹰的主要对象，其幼鸟常被驯养为猎鹰。

苍鹰

雀鹰

雀鹰，俗称"鹞子"，体形比苍鹰稍小。成鸟上体青灰色，尾羽较长，有明显的深褐色横斑。雀鹰飞翔时主要靠扇翅和短距离的滑翔交替进行飞行，并常在空中盘旋飞翔，耐力很强。雀鹰常低飞，在树林和灌木丛中做快速的特技表演，捕捉失去警觉的猎物，有时它们也会经过短暂而迅速的追逐而将猎物捕获。雀鹰常捕食小鸟等动物，也能被驯养成猎鹰。

雀鹰

淡色歌鹰

淡色歌鹰

淡色歌鹰是一种大型鹰类，有长翅和长尾，一般栖息在干旱的荆棘丛或半沙漠区等开阔地带。它们捕食猎物时，往往先站在栖木上等候，然后迅速起飞猛扑猎物。它们的飞行动作非常完美。飞行结束后会降落在另一根栖木上，或盘旋着回到起飞的地方。淡色歌鹰常成对生活，而且每对都占据一定的领域。它们用树枝把巢建在靠近树冠的分叉处，巢内铺有毛发、粪便和草等物。

黑翅鸢

黑翅鸢是一种小型猛禽，嘴为黑色，虹膜为血红色。其眼睑有黑斑和须毛，前额为白色，到头顶逐渐变为灰色。黑翅鸢的羽色个性鲜明，容易与其他猛禽相区别：上体为淡蓝灰色，肩部大部分为黑色；下体为白色，有深棕色和暗褐色纵纹。它们通常栖息于有树木和灌木的开阔原野、农田和草原地区。黑翅鸢一般单独活动，主要以田间的鼠类、昆虫、小鸟、野兔和爬行动物等为食。

黑翅鸢

泽鸢

泽鸢

泽鸢是一种主要分布在南美洲等地的猛禽，体长有40～45厘米，常栖息在沼泽地带。泽鸢非常挑剔，它们几乎只吃一种食物，那就是淡水蜗牛。它们那细长坚硬的喙能很成功地撬开蜗牛的壳。泽鸢通常沿着沼泽地和芦苇塘低飞，寻觅食物，一发现蜗牛，它们就用一只爪把猎物抓起来，然后带到栖息地再享用。

头颈裸露，可以使它
在进食时不被血所浸染。

秃鹫

宽阔的翅膀

秃鹫

秃鹫，别名"坐山雕"，是一种大型猛禽，广泛分布于温带和热带地区。它们的身体呈黑褐色，头和颈部裸露的皮肤呈铅蓝色，头顶生有褐色绒羽。其小小的圆头上有一双阴森森的大眼睛，利嘴像一个大铁钩，让人望而生畏。大多数秃鹫是广食性，以腐肉、垃圾和排泄物为食。

兀鹫

凭借长而宽大的翅膀，兀鹫能够在天空翱翔几个小时。兀鹫没有有力的足和锋利的爪。它们只是借助上升的热空气在天空盘旋或者栖息在树枝上，期待着发现腐肉。也有些兀鹫依靠灵敏的嗅觉来找寻腐烂的动物尸体。兀鹫常常聚集在动物遗骸旁，为抢到一块肉而争个不停。在身体强壮、喙部锋利的兀鹫撕开动物遗骸的表皮之前，体形较小、喙部力量微小的兀鹫只能干等着。

兀鹫

红头美洲鹫

体形庞大的红头美洲鹫是猛禽家族中唯一用嗅觉来寻找食物的成员。它们的体羽为暗黑色，头部无毛，呈红色，上面覆盖着苍白色的隆起，嘴部也为苍白色。红头美洲鹫经常在空中翱翔盘旋低飞，用鼻子来寻找食物。但它们在动物尸堆里美餐后，一定会飞到很远的河里洗个澡。

红头美洲鹫

翅膀又长又宽，具有很强的飞行力。

尖锐的钩嘴

爪子为弯钩形，用来撕扯猎物。

埃及秃鹫

埃及秃鹫以善于使用工具而闻名。当埃及秃鹫发现鸵鸟蛋时，它们会用尖锐的喙叼着岩石碎片击破蛋壳，取食蛋里面的东西。如果附近没有适当的石头，埃及秃鹫还会不辞辛苦地飞到数百米以外的地方去找寻石头。

食蛇鹫

和其他肉食性鸟类不同的是，食蛇鹫的腿、翅膀和尾巴都很长，站立起来有90厘米高。食蛇鹫偏爱蛇。捕食蛇时，它们先用足趾猛踩蛇，同时扑打翅膀，防止被蛇咬，然后再抓住猎物朝空中抛扔，直到把蛇弄昏后才享用。因此，食蛇鹫在南非常被人们饲养，专门用来对付蛇、鼠。

埃及秃鹫

裸露的颈

加州兀鹫

膨胀的喉囊

食蛇鹫

加州兀鹫

加州兀鹫是一种大型的食腐鸟，常在宽阔的自然区域巡游觅食。但它们只能在暖和的天气里，借助上升的热气流向上翱翔，盘旋到所需高度；遇到寒冷多风的气候，加州兀鹫就只能在地面上活动。加州兀鹫不取食的时候会栖息在一处，不时用嘴梳理羽毛，以打发空闲的时间。

白头海雕

　　白头海雕，又名美洲雕，是北美洲所特有的一种大型猛禽。成年海雕的体长可达1米，翼展可达2米，眼、嘴和脚均为淡黄色，头、颈和尾部的羽毛为白色，身体其他部位的羽毛为暗褐色，十分雄壮美丽。白头海雕日间捕食，常成对出猎，凭其异常敏锐的视力，即使在高空飞翔，亦能洞察地面、水中和树上的一切猎物。白头海雕以鱼类为主食，所以常栖息于河流、湖泊或海洋的沿岸。

白头海雕
敏锐的眼睛、尖锐的钩嘴无不透露出白头海雕的凶猛。

美国国鸟

　　1782年6月20日，美国国会通过决议，选定白头海雕为美国国鸟。今天，无论是美国的国徽，还是美国军队的军服上，都描绘着一只白头海雕，它一只脚抓着橄榄枝，另一只脚抓着箭，象征着和平与强大。作为美国国鸟，白头海雕受到了法律保护。1982年，里根总统宣布：每年的6月20日为白头海雕日，以唤起全国民众的关注。这足以说明其受重视程度了。

食猴雕

食猴雕

　　食猴雕是全世界最大的猛禽之一，生活在热带雨林中，是典型的森林猛禽。它们的翅膀大而宽，末端圆，尾长，这种构造使其能在树枝间迅速而灵活地飞行。捕食时，它们能在树枝间迅速移动，或停在栖木上等候猎物。他们主要捕食森林中的猴子、飞狐和犀鸟等。食猴雕的叫声为连续的长嘘声，与强壮的体形比较起来，其叫声显得很微弱。因热带雨林逐渐消失，食猴雕已濒临灭绝。

金雕

金雕

　　金雕是雕属中体形最大的一种。它们的喙大而强有力，上体棕褐色，下体黑褐色。金雕飞行速度极快，常沿着直线或以圈状滑翔于高空。它们通常把巢建在难以攀登的悬崖上，巢穴内铺有草、毛皮或羽绒。金雕以捕猎野兔、土拨鼠和其他哺乳动物为食，有时也捕食家畜、家禽和其他鸟类。

犹如机翼般的翅膀

非洲鱼雕

非洲鱼雕是食鱼的猛禽，头和颈部都是白色的。它们常在湖泊、河流和海滨上空盘旋，时常发出很响的鸣叫声。当发现水中猎物时，非洲鱼雕即两脚在前，举翅向下俯冲，甚至将整个身体浸入水中，然后用两脚抓住鱼，在水面上继续飞行，最后把鱼带到树枝上或巢中吃掉。

非洲鱼雕

楔尾雕

楔尾雕因尾羽类似楔形而得名。其全身羽毛呈浅褐色，颈部后面为红棕色，生有一双强壮的长满羽毛的利爪。它们都有自己的领地，且领域性极强，绝不允许其他鸟或同类侵入。楔尾雕飞翔能力很强，可以借助上升气流飞上2000多米的高空。楔尾雕通常都是成对生活，每年6～7月产卵。这种鸟的成活率不高，幸存者长到80～90天后方可独立飞行寻食，4年后才成年。

楔尾雕

像楔形的长而坚硬的尾羽

游隼

游隼属隼科，是一种猎鸟，曾广泛地分布于全世界，现在数量已经很稀少。游隼体长约33～48厘米，背部呈蓝灰色，腹部是白色或黄色，上面有黑色的条纹。游隼体格强健，飞行速度尤其是冲刺速度很快，通常从空中俯冲向其他鸟进行攻击。在垂直扑向猎物时，它们能达到或超过每小时160千米的速度。游隼栖息在靠近水边的岩石高山上，在悬崖峭壁上筑窝并繁殖，但也有一些游隼栖息在城市里，在一些窗户的支架上筑巢。

正在俯冲的游隼

游隼

航空卫士——游隼

因为游隼经常袭击一些低空飞鸟，所以每当它们出现时，这些鸟都会逃之夭夭。于是，人类就利用游隼的这项天赋，在机场附近饲养游隼，用它们的威慑力赶跑飞鸟。因为飞鸟一旦与高速航行的飞机相撞，会像子弹一样击穿机身，使飞机坠毁，给人类的生命财产带来极大的损失。没想到，游隼竟由一种猛禽变成了航空卫士。

美洲隼

　　美洲隼体形较小，但飞得很快，栖息时尾羽还不停地上下摆动。它们常常在空中盘旋，并垂直扑向猎物，偶尔也在栖木上等候。美洲隼夏天以昆虫为主食，冬天则大量捕食鼠类和小鸟。它们常将巢建于洞穴和裂缝里，有时也利用其他大型鸟建在树上的旧巢安家。

红隼

长而有力的翅膀

美洲隼

红隼

　　红隼是吃啮齿类动物和昆虫的小隼。它们的视力极好，经常在空中盘旋，搜寻地面上的老鼠、田鼠、蝗虫、甲虫等猎物。发现猎物后，红隼先慢慢下降，然后猛扑过去。红隼也常在城镇和郊区捕捉麻雀带到树上去吃。它们一般选择视野较宽广处歇息，飞行幅度小，但扇翅很快，并交替滑翔，有时则借助上升的气流翱翔。

细长尖利的爪

起到平衡身体作用的尾羽

普通鵟

　　普通鵟性情机警，视觉敏锐，善于飞翔，每天大部分时间都在空中盘旋滑翔。翱翔时，其宽阔的两翅左右伸开，并稍向上抬起，呈浅"∨"字形，短而圆的尾羽呈扇形展开，姿态极为优美。特别值得一提的是，它们的叫声同家猫的叫声差不多。普通鵟主要以各种鼠类为食，而且食量很大。此外，它们也捕食蛙、蜥蜴、鸟和大型昆虫等动物。

长翅

长尾

灰泽鵟

普通鵟

灰泽鵟

　　灰泽鵟生活在旷野、沼泽、空旷草原和沙丘等开阔地带，以昆虫和小动物为食。捕食时，其双翼会稍微展成"∨"字形，在低空快速滑翔，搜索地面上的猎物。这种姿势可惊起小型鸟类或受伤的鸟、小型啮齿类和大型昆虫，以及便于它们捕食。

鸣禽

　　鸣禽约占世界鸟类的五分之三。鸣禽的外形和大小差异较大，小的如柳莺、山雀，大的如乌鸦、喜鹊。它们大都有发达的鸣管，在繁殖季节里鸣声最为婉转和响亮。在大多数鸣禽中，一般雄鸟是主要的鸣叫者。许多鸣禽的嘴都很小，适合吃昆虫和种子等。但也有一些鸟，如伯劳，则以小动物为食。鸣禽的巢结构都相当精巧，如云雀、百灵的皿状巢，柳莺、麻雀的球状巢等。

赤腹山雀

伯劳

　　从体形上看，伯劳是一种较小的鸟类，身长大多只有28厘米左右，体重也不过50克。但从性情上讲，它们却属于较为凶猛的一类。它们的头部较大，喙短而粗壮，能捕食蜥蜴、松鼠等小型动物。伯劳会残忍地将猎物插在树枝的尖刺上，撕取其最柔软可口的部分享用。所以在伯劳出没的地方，常会看到许多动物的干尸。依据羽色不同，伯劳又可分为棕背伯劳、红脊伯劳和黑尾伯劳等许多种类。

伯劳

喜鹊

带有黑尖的白色飞羽

喜鹊

　　喜鹊通体除了两肩和腹部为白色外，其余部分都是黑色的。它们的叫声是鸟类中少有的带有颤音的乐音。喜鹊性格非常机警，它们常成对外出觅食，总是一只在地面啄食，另一只在高处守望。如有异常情况，守望鸟就发出惊叫，然后与啄食者双双飞走。喜鹊是杂食性动物，以肉食为主，也吃些植物。它们的分布地区很广泛，除南极洲以外，各大洲都可看到它们的身影。

乌鸦

　　乌鸦体长在50厘米左右，羽毛为黑色且有光泽，但羽冠黑中带一点灰色。乌鸦有20多种，包括寒鸦、渡鸦、家鸦、食腐鸦等。但不管是什么种类的乌鸦，其叫声都单调难听。乌鸦是杂食性动物，它们的食物中大约四分之三是害虫。它们喜欢集体活动，有时甚至上万只乌鸦集中在荒野啄食腐肉。实际上，乌鸦是一种智商极高的鸟，能发出300多种不同的鸣叫声，并且有极高的语言天赋。

正在哺育幼鸟的乌鸦

黄鹂

黄鹂别名黄莺、黄鸟，其体形较小，嘴较粗，与头等长，尖端呈短钩状。黄鹂羽色艳丽，有黄、红、黑、白诸色，雌雄相似。它们单独或小群栖息在丘陵及平原的疏林大树间，生性羞怯隐蔽，主要在树上觅食昆虫、浆果。每年4月，黄鹂迁至江南，常在清晨觅食鸣唱，鸣声复杂多变。黄鹂飞行迅速，古代就有人以"金梭"来比喻它们的飞行。

九宫鸟

九宫鸟

九宫鸟栖息在热带雨林和森林里。它们经常小群地在树枝上觅食果实，捕食昆虫、飞蚁或吸食花蜜。到了地面上，九宫鸟便变得非常笨拙，只能跳跃着前进。平时，九宫鸟能不断地发出"啁啾"声。其声音时而低沉，时而刺耳，如同音乐一般变化无穷。

黄鹂

乌鸦的声誉

在国外，乌鸦的声誉很不错，还受到了很多礼遇。欧洲人把乌鸦视为"最进化的鸟"之一；俄罗斯人把乌鸦看成是"一道点缀俄国风景的鸟"；缅甸把它作为象征民族和人民的国鸟；不丹王国认为它是吉祥鸟；尼泊尔的加德满都还为它举办灯节，宴请并膜拜鸦群。

百灵

百灵

百灵体形娇小，嘴细而成锥状，头部通常有羽冠。它们的脚强健有力，后爪长直，褐色的羽毛中加杂斑纹。百灵主要栖息在广阔的草原上，冬天常大群集结在地面上奔驰觅食，晴天中午喜欢在地面享受沙浴。入春后，雄鸟常在高土岗或沙丘上鸣啭，声音响亮入云，然后落于雌鸟旁。

燕子

体形不尽相同的燕子都有着流线型的苗条身材、剪刀似的尾巴。它们一生的大部分时间都在空中度过。燕子的飞行技巧十分高超，能上下翻飞，并在半空中捕捉昆虫。它们的嘴又短又平，但张开时能够有效地捉住虫子。其狭窄的翅膀和带叉的尾巴极具灵活性，这使得它们的身体可以跟在猎物后面翻转。多数燕子要进行长途迁徙，北欧的燕子会飞行万里到非洲的越冬地越冬。

燕子

芦苇莺

芦苇莺体形较小，嘴细而尖，翅短圆，羽色单纯，性格谨慎，主要吃昆虫。芦苇莺有300多个种类，分布在欧洲、非洲、亚洲和大洋洲。尽管芦苇莺看起来几乎是一模一样，但通过它们的歌声还是能把它们区别开来。芦苇莺通常栖息在芦苇丛中，很不容易被发现。它们的巢为杯形，吊挂在3～4棵芦苇茎上。

孔雀石色花蜜鸟

孔雀石色花蜜鸟常栖息在草原等开阔环境中。它们有很强的领域性，绝不允许其他鸟进入自己的觅食地。孔雀石色花蜜鸟的尾羽和喙都很长，能将喙探入花中取食花蜜，也能像鹰一样在飞行中捕捉昆虫。它们常用草和植物在灌木丛的低处筑成蛋形巢，内置细软材料，十分精致。

芦苇莺
芦苇莺常被杜鹃捉弄，为杜鹃抚养子女。

画眉

画眉

画眉别名金画眉，主要生活在亚洲南部、大洋洲及非洲地区。画眉有多个种类，全长15～25厘米不等，主要以昆虫和种子为食。它们喜欢栖于丘陵麓地，也到平原灌木丛及竹林中活动。画眉生性机警，善隐匿，飞翔疾速。这种鸟能歌善斗，鸣声抑扬多变。民间相传：西施住在吴宫时，每日临水理妆，对镜画眉，有众鸟来观，后有小鸟效颦，遂有画眉鸟之说。

太平鸟

太平鸟

太平鸟通常栖息在北方森林里，有时也会落在电线上。太平鸟的身体为灰棕色，翅膀和尾巴的尖上有黑色和黄色。它们常结群在树木近梢、落叶枯枝上跳跃，或成群落至附近结果的树上啄食；飞行时，太平鸟鼓翼疾行，轨迹呈波状。太平鸟夏天吃昆虫，冬天吃浆果。它们的胃口很大，有时吃得太多，以至于都不能飞行了。

大山雀

　　大山雀是山雀中最大的品种，分布很广，而且颜色各异，但通常都有黑色的头部，和带有黑色条纹的鲜黄色腹部。大山雀在寻找昆虫和种子时，身体经常倒挂，像在表演特技。它们大多在为冬天储存食物，在寒冷的天气还经常光顾其他鸟类的餐桌。和其他山雀一样，它们在洞中筑巢，通常每年孵化两次。

山雀

北美红雀

　　雄北美红雀是北美洲最绚丽的鸟之一，它们长着穗状的冠和鲜红色的艳丽羽毛。和大部分鸣禽不同，雌北美红雀和雄北美红雀都会歌唱，而且数年保持同一种唱腔。北美红雀主要栖息在林区、灌木丛和公园里。它们吃昆虫和植物种子，在冬天也常抢食其他鸟的食物。在最近的100年内，北美红雀的活动范围在逐渐北扩。

成年的北美红雀

唐纳雀

　　唐纳雀在南北美洲都有分布，但大部分分布于南美洲，安第斯山一带种类尤其丰富。唐纳雀包括很多的种类，它们适应不同生存环境，喙的形状差别较大，不少种类像雀或鹀一样呈锥形。唐纳雀族员之间的羽色差异也较大，有些种类羽色比较暗淡，有些则属于鸟类中颜色最丰富的。

唐纳雀

红交嘴雀

红交嘴雀

　　红交嘴雀，别名交喙鸟、交嘴鸟，雄交嘴雀是红色的，雌交嘴雀是茶青色的。它们出色的交叉喙上长着锋利的尖。这种交叉喙在吃青绿不熟的球形果时非常便利。它们用脚爪抓住球果，交叉的喙把球果弄开，就能吃到里面多汁的果肉了。红交嘴雀常结群在针叶树上活动，有时也落地觅食。交嘴雀有4种，都擅长从不同的树上摘取果实。

胸前的颜色非常显眼，成为醒目的标志。

七彩文鸟

七彩文鸟

　　七彩文鸟别名华锦鸟、胡锦鸟。其头部羽色有黑、红、黄之别。驯养后体质强健，能自己孵卵。其幼鸟体色初期为灰色，下部较淡，腹白；背部为橄榄绿，胸部呈葡萄色，成熟后面部会变成红色或黄色。这是一种在野外集群生活的鸟，它们常到地面觅食，受惊后会立刻群飞至枝叶茂盛的树上。

天堂极乐鸟

　　天堂极乐鸟的雄性鸟通常比配偶的色彩鲜艳。雌天堂极乐鸟为普通的茶色，而雄天堂极乐鸟浑身长满了绚丽多彩的羽毛，在求偶表演中能够尽情炫耀。约500年前，在澳大利亚，当人们初次见到这种鸟时，即被它们那绚烂的羽毛所征服，以至于认为它们来自天堂。这就是天堂极乐鸟得名的原因。天堂极乐鸟现主要栖息在巴布亚新几内亚茂密的热带森林里。

天堂极乐鸟

织巢鸟

织巢鸟

　　织巢鸟因能使用植物纤维编织精巧的鸟巢而得名。它们体形较小，喙很厚，利于剥食有硬壳的种子。织巢鸟有强硬的砂囊，用于磨碎吞下的种子。它们主要生活在树木稀少的草原上，以草为食，也用草筑巢。在鸟类中，织巢鸟是杰出的"建筑大师"。它们能用柳树纤维、草片等编织出精美异常的巢。巢织好以后，织巢鸟会找一些小石块，放在窝里，防止巢被大风刮翻。

岩栖伞鸟

戴菊

　　戴菊是最小的鸣禽之一，体长只有8～11厘米。戴菊长着白绿色的身体，头部有鲜黄色的条纹。戴菊主要栖息在松柏林里，在树枝上不断跳跃着捕食昆虫，还会吃自己的卵。它们能用苔藓和蜘蛛网做成杯状的巢，并把巢挂在树枝上。

岩栖伞鸟

　　大多数的伞鸟都有色彩艳丽的羽毛，其中最美丽的就是岩栖伞鸟。雌岩栖伞鸟为黑色，雄岩栖伞鸟为亮丽的橘黄色。即使在热带鸟类中，这种色彩也很少见。而雄鸟橘黄色的半圆形冠更加醒目。冠收拢起来可以垂到喙尖。在繁殖季节，雄鸟在传统的求偶场地聚集，并喧闹着表达它们的求偶意图。

第六章

Part6·

哺乳动物

哺乳动物是指用母乳哺育幼仔的动物，是动物世界中形态结构最高等、生理机能最完美的类群。这也是一群高度多样化的动物，包括了体形微小的小駒鼩、体形庞大的非洲象和行动敏捷的长臂猿等。除了遍布世界各大陆之外，在空中（如蝙蝠）、在海洋（如鲸、海豚）也可见其踪迹。哺乳动物与其他动物相比，最大的不同之处在于幼仔由母体乳房分泌的乳汁喂养。由于种类不同，它们都各有适应不同生活环境的外形相貌、身体结构、生活习性和行为特征等。许多哺乳动物具有高度的社会化行为，在其族群内还显现出了等级与势力圈的划分。

哺乳动物

可爱的小猩猩

世界上的哺乳动物共有4000多种。虽然它们已高度进化，但还是有很多共性：所有的哺乳动物都具有乳腺与哺乳的功能；具有较高的新陈代谢速率，能维持体温的恒定；身上披有毛发，能保护身体、隔绝冷热；都有一副骨骼，能用肺呼吸；大多数的哺乳动物都具有胎盘，胚胎发育的阶段在母体子宫内受到安全的保护。

骨骼结构

在骨骼结构上，哺乳动物都有一对枕髁（在头部后方的隆起枕骨），使头骨和第一颈椎形成关节，从而能够有更大的活动自由；有次生的口腔骨质硬腭，使鼻腔与口腔隔离，呼吸空气时，气体不会进入口腔，如此一来，哺乳动物就能够同时咀嚼食物与呼吸空气了。此外，哺乳动物骨骼结构的典型特征还包括了颈部的肋骨愈合在颈椎上，成为颈椎的组成部分。

狮子的骨骼结构示意图

颅骨

脊柱

肋骨

腿骨

趾骨

大脑

和身体大小相比，哺乳动物有比其他脊椎动物更大的大脑，能更好地控制自己的思维，这在灵长类动物包括猴子、猩猩和人类中非常明显。因为有更大容量的脑，哺乳动物有比其他动物更复杂的行为。它们会学习，能不断地改变自己的行为，来适应外界环境的变化。

黑猩猩的大脑已相当发达，它们已有一些简单的类似人类行为的活动。

北极熊的皮毛有很好的防水功能，因此它们不怕北极冰冷的海水。

皮毛

皮毛是哺乳动物的特有标志。由于皮毛可以遮挡风雨和隔绝冷热，所以不管天气多么寒冷，哺乳动物都能依靠它来保持恒定的体温，以适应各种复杂的气候环境。成千上万由角质素构成的毛发从毛孔中长出来，形成皮毛。短短的绒毛可以不让冷空气和水分接触皮肤，长长的毛发形成体表的覆盖层。一般而言，生活在寒冷地区的动物的毛发都比生活在温暖地区的动物的毛发长。

保持清洁的方法

哺乳动物的皮毛有助于它们保持体温的稳定和身体的干燥。但毛皮内易藏污纳垢，很容易成为寄生虫繁殖的温床。因此，哺乳动物也形成了各自保持个体卫生、减少疾病感染的技巧，如口舔、抓搔、梳理、抖动、打滚、洗浴、摩擦、轻咬等。此外，哺乳动物中群体成员间相互清洁的行为也相当普遍。这样做，不仅可以帮它们清理颈部等不易触及的部位，还可以把群体特有的气味传到每个成员身上，以便成员间相互辨识。

我们经常可以见到猫用舌头舔唇、洗脸，这是它们在清理皮毛。

马的门齿发达，能将纤细柔软的植物扯断。

牙齿

哺乳动物的牙齿有门齿、犬齿、前臼齿与臼齿之分，形态与功能皆有所不同，有别于爬行动物的同型齿（即所有牙齿的形态与功能皆相似）。此外，哺乳动物也因食性的差异，牙齿形态产生进一步特化，例如，食肉动物的犬齿发达，前臼齿与臼齿齿尖锋利，并形成裂齿，利于撕裂、切割食物；而食草动物最重要的是臼齿和门齿，因为它们必须将较纤细柔软的植物扯断，磨得很细再送入胃中，这就需要牙齿整齐钝厚。

感官

哺乳动物在地球生物演化的严酷竞争中，为适应各种生活环境，大多发展出良好的视觉、听觉、嗅觉、味觉及触觉感官。而不同种类的动物，生活环境不同，对感官的需要也不同。如鼹鼠长期在地下活动，寻觅地下洞穴中的蠕虫为食，因此它们不需要良好的视觉，但有非常灵敏的嗅觉；蝙蝠听力敏锐；松鼠的视觉比人类锐利许多，等等。

豹的眼睛

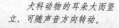

犬科动物的耳朵大而竖立，可随声音方向转动。

外部的耳朵

大多数哺乳动物都有长在外部的耳朵，可以使声音直接进入大脑。如猫漏斗形的耳朵可以把声波导入内耳，让猫迅速地捕捉到声音，判断声源的方向。而以犬科动物为代表的许多哺乳动物都具有很好的听觉。它们能把耳朵竖起来，转向声音的方向，以发现正在接近的敌人或猎物的声响，也可听到自己同伴发出的叫声。此外，许多哺乳动物的耳朵还有其他妙用，如大象的大耳朵不但可以当扇子使，而且其耳部血管丰富，可以使其体热迅速散发。

嗅觉的作用

　　许多哺乳动物鼻子后部的黏膜远大于人类的鼻黏膜，因此其嗅觉要比人类强百万倍。有时，被人们抓住的老鼠会撒出尿来，这正是老鼠使用的气味语言，警告它们的同类：此地危险，赶快逃命！非洲狮还用嗅迹来标明它们种群的领域。它们在植物上磨蹭，把自己的气味留在上面，提醒其他狮群：这块区域已被占有了。受过训练的猪能嗅出长在地下的松露，让它的主人把松露挖出来。松露在欧洲是名贵食品，可以卖很好的价钱。

猪绝不是愚蠢的动物，凭其灵敏的嗅觉，帮了人类很大的忙。

舌头的妙用

　　哺乳动物的舌头也很发达，可以在口腔内灵活地活动。鹿、牛等的舌头能自如地将草料卷入口中。舌头是它们的取食器官。虎、狮子等用舌头将水舔入口中；狗在炎热的夏季或剧烈奔跑以后，往往把长长的舌头伸出口外，用舌头散发体内的热量。有时，狗也用舌头舔舐身上的伤口，因为唾液中有促进伤口愈合的物质；猫的舌头表面很粗糙，有许多向着舌根生长的肉刺，适于舔食附在骨上的肉。

狮群饮水。

尾巴

　　各种哺乳动物的尾巴都是脊椎的延长。但从外表观察，尾巴的大小、形状及功用又随物种之异而有所不同。如：猫尾巴扭来扭去，说明它们心情不好；马尾巴由数百根又长又粗的毛组成，能够用来赶走蚊蝇和小虫；狐狸毛茸茸的大尾巴具有很好的保暖作用；河狸的尾巴是它们游泳时的方向舵，如果遇到危险，河狸便以尾巴拍打水面，向同伴发出警告；白鼬的黑尾尖可以吸引猫头鹰等猎食性鸟类不去攻击其脆弱的头部，而去啄它的尾巴，从而趁机逃命。

老虎的长尾巴强健有力，是它重要的防卫工具。

美洲豹擅长追击捕食，羚羊是它的美食。

捕食

　　很多肉食哺乳动物都在每日晨昏之际出来捕食。因为白天气温上升，属于冷血动物的爬行类、昆虫都活动起来，不易捕捉。肉食动物的捕食方法也各有千秋。如北极熊在捕食海豹时，先仔细地观察猎物，利用地理形势，亦步亦趋地向海豹靠近，当行至有效捕程之内，它们便会如离弦之箭般像海豹猛冲过去。而大多数猫科动物如豹、狮等在捕食时总是做匍匐状，身子贴着地面，悄悄接近猎物，趁猎物还没察觉时，它们便一跃而起，猛扑过去。还有些动物，如豹猫则常采用伏击的方式去捕食小型动物。

筑巢

哺乳动物的窝巢虽然不如鸟类的精致，但花样繁多，地点多变。如：鼹鼠的洞穴往往深达1米，长达100米，是由一个中心巢穴连接各种甬道和垂直坑道组成的坑道系统；很多种类的松鼠把巢建在树洞里，但灰松鼠会把巢建在树木顶端的枝桠间；北极的冬夜几乎是连续不断的，即将做母亲的雌北极熊会在积雪中刨洞为家；而一些海洋哺乳动物，如海狗、海豹一般不栖息在水中，而是在岸上筑巢为家。

黑熊用树枝在树上搭造座棚，然后在上面享受日光浴。

繁殖

所有哺乳动物的受精都在母体内进行。受精卵经过多次分裂，最终成为胎儿。在胎盘类哺乳动物中，受精卵在子宫内通过脐带以及和子宫壁连在一起的胎盘获取养料。母体通过向胎盘供血，给受精卵提供食物和氧气，并把废物带走。胎儿就在子宫内成长，直至出生。

雌性大猩猩可分泌乳汁，它正在给幼仔喂奶。

哺乳

在胎儿刚出生的一段时间内，雌性哺乳动物会用分泌的乳汁喂养幼仔。乳汁由乳腺分泌。当幼仔吮吸时，乳汁会从乳腺中流出来。对于幼仔而言，哺乳是一个很重要的环节。因为乳汁不仅富含葡萄糖和脂肪，可以加速幼仔生长，而且含有抗生素，可以帮助幼仔抵御疾病。

树袋熊的幼仔在母体内发育时间很短，出生后要在育儿袋内继续发育。

幼仔的生长

相对其他动物而言，哺乳动物对幼仔所花的时间和精力要多得多。通常，哺乳动物的子女数量较少，需要大量的照顾才能顺利成长。它们在哺育期间，不仅要喂饱幼仔，清理幼仔，并保持它们的身体温暖，更要护卫子女安全，教导它们求生的技巧，直到它们能独立生活为止。不过，在各类哺乳动物中，照顾子女的程度还是有差异的，像树鼩，产下幼仔后就走开不管，几天才回窝探望一次。

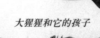

大猩猩和它的孩子

卵生哺乳动物

— 用来储存脂肪的大尾巴

鸭嘴兽

　　目前，世界上的卵生哺乳动物只有两类：鸭嘴兽和针鼹，它们都生活在新几内亚和澳大利亚。其产下的软壳蛋10天就可以孵化，但刚刚孵化的幼仔还未完全发育。成年卵生哺乳动物的嘴的形状类似于鸟喙，没有牙齿；雌性卵生哺乳动物没有乳头，靠身上的乳腺分泌的乳汁哺育幼仔。虽然它们被认为是初等动物，但它们具有哺乳动物的特性——体温恒定，有皮毛，幼体需要喂奶。

适于游泳的蹼状前足　触觉敏感的大嘴巴

鸭嘴兽看似笨拙，
在水中游泳却很自如。

鸭嘴兽

　　鸭嘴兽主要分布在澳大利亚、塔斯马尼亚岛。它们的外形既像哺乳动物，又像鸟类，体长不超过65厘米。它们长着柔软的棕色皮毛，前后肢有蹼，嘴扁平如鸭子，主要以昆虫、甲壳类动物为食。鸭嘴兽生活在河流和湖泊中，在繁殖季节，雌兽会挖掘一条长长的地洞，在里面产下两三枚卵，之后进行孵化。

针鼹

　　针鼹生活在澳大利亚和新几内亚。它们的外貌像刺猬，但这些刺并没有牢牢地长在身上。当遇到侵害时，这些有倒钩的刺就会像箭一样飞速射向敌人体内。针鼹以蚂蚁和白蚁为食，它们能用尖锐的爪子掘开蚁穴，然后用长长的舌头将蚂蚁或白蚁席卷一空。每年5月左右，雌针鼹的腹部会长出一个临时育儿袋，产下一个白蛋，并把蛋放入育儿袋中进行孵化。幼针鼹孵化出来后，还要在育儿袋中待8周，直到身上开始长刺。目前，针鼹已是濒临绝种的动物。

针鼹

遇到危险时，针鼹会把
短而尖锐的刺竖起以自卫。

长吻针鼹

　　长吻针鼹又叫原针鼹，产于新几内亚的山地丛林中。它们的体形较大，体长能达到1米左右，重约5～10千克。它们的吻部很长，并有一条带钩的舌头；刺比较稀疏，一般短于毛长；前后足的爪数多变，有些个体有三个爪，而有些则五趾都有爪。

有袋动物

可爱的树袋熊

有袋哺乳动物因腹部有一个袋子而得名，主要包括袋鼠、树袋熊、袋獾及负鼠等，多数分布在澳大利亚。有袋动物区别于其他哺乳动物的是它们幼仔的生长发育方式。幼仔一般在母体内生长很短时间，出生时尚未发育完全，还需爬到母亲腹部的育儿袋里，靠吸吮乳汁继续生长。

弗吉尼亚负鼠

弗吉尼亚负鼠

弗吉尼亚负鼠是美洲最大的有袋动物。它们分布广泛，地上或树上的果实、蛋、昆虫和其他小动物都是它们的食物。这种负鼠也生活在人类聚居的地方，并以人类的垃圾为食。它们对食物从不挑剔，不论是活的动物还是死的动物，它们都喜欢吃。如果遭到袭击无路可逃，它们就会"装死"。弗吉尼亚负鼠的繁殖能力很强，雌鼠每年能够产30多只幼鼠。

袋獾

袋獾常栖息于沿海的灌木丛和桉树林中，白天躲在山洞、树洞或树袋熊的洞穴中，夜间外出活动。袋獾能攀爬，但行动缓慢而笨拙。它们常以小型哺乳动物和蛇类为食，也吃少量植物。袋獾的牙齿尖利，能够嚼碎骨头，所以它们总能将猎物全部吃掉，连皮毛或羽毛也不剩。袋獾通常单独寻找食物，但是如果食物充足，它们往往聚在一起共同分享美食。

胡须作用很大，可以帮助它们在夜间捕食。

袋獾

树袋熊

树袋熊

树袋熊又叫考拉。它们的体形肥胖，毛很厚，没有尾巴。成年树袋熊身体为浅灰色到浅黄色，腹部周围的颜色相对较亮。白天，它们喜欢抱着树枝大睡。树袋熊从小就会爬树，它们下树时总是倒退着，屁股先着地，样子很可爱。树袋熊主要以桉树叶为食，并从食物中吸收所需水分。特别的是，树袋熊的育儿袋口大部分时间是向下的。尽管如此，小树袋熊从来也不会掉出来。

树袋熊	
目　科	树袋熊科
栖息地	桉树林
分　布	澳大利亚东部
食　物	桉树叶子和树芽
产仔数	每胎1仔
寿　命	13～18年
大　小	60～85厘米

袋鼠

袋鼠是一种十分有趣的动物，在距今2500万年前就已经出现在澳大利亚，是世界上最古老的动物之一。澳大利亚的红土草原是袋鼠的天堂。这些看似温文尔雅、实则强悍好斗的动物有一条又粗又长的尾巴，在跳跃时尾巴能维持身体平衡，站立时可以支撑着身体。袋鼠跳跃的高度可达3米以上，奔跑的速度更可达每小时65千米。白天，袋鼠通常都在树荫下休息，到了夜晚凉爽时才出来觅食。

袋鼠

繁殖

袋鼠通常在1~2月交配。交配期结束后，雌袋鼠即离群隐居在草丛中，过着孤独的生活，直至分娩。袋鼠的受精卵分裂到100个细胞左右时，如果遇上了特别干燥的气候，发育会停止，暂时封存在子宫里。等到气候条件适宜时，封存的胚胎才重新开始发育，并于约5个星期后分娩。袋鼠没有胎盘，所以幼仔在母体内生长时间很短，只有到妈妈的育儿袋中吮吸乳汁继续发育。

育儿袋里的袋鼠宝宝

安全的袋囊

新生幼仔只有约2.5厘米长，体重相当于雌袋鼠重量的1/30000。此时的幼仔身上无毛，浑身通红，眼睛和耳朵都闭着。它们会顺着母体的尾巴爬到育儿袋里，继续发育成长。直到育儿袋中已没有足够的空间容纳它时，它才离开。即便如此，小袋鼠仍会时常将头钻入袋中吸乳。

探出头的小袋鼠

当面临危险时，小袋鼠会跳进育儿袋中，让妈妈带着它快速逃走。袋鼠妈妈跳跃时，育儿袋的肌肉会绷紧，因此小袋鼠很安全，不会掉出来。

小袋鼠的成长

年幼的小袋鼠要在母亲的育儿袋里待上11个月才能发育完全。出生约1个月后，小袋鼠的后肢和尾巴开始发育。7个月后，小袋鼠能从袋中探出头来或暂时离开育儿袋。最终，它能大部分时间离开袋子，但仍继续吃奶，直到断奶，此后还要经过3~4年时间，小袋鼠方才长大成年。

小袋鼠一出生就爬到妈妈的袋囊里，直到慢慢长大。

运动方式

袋鼠前肢短小，后肢长而有力，因此大多数袋鼠不会走路，只会用强有力的长长的后腿进行跳跃，而且速度很快。跳跃时，它们先用后腿蹬地。当它们开始跳时，身子会向前倾；跳起时，两眼直视前方，竖起的尾巴作为跳跃时的平衡杆；落地前，还是后腿前伸，作为落地的支点。

树栖袋鼠

树栖袋鼠

树栖袋鼠主要生活在澳大利亚和新几内亚的热带雨林中。与生活在陆地上的袋鼠不同，这类袋鼠有较长的前腿、较短的后足和后腿。它们可以飞快地穿梭在树林中，从一根树枝跳到另一根树枝上，并用弯曲的爪子和粗糙的足掌抓住树干。

大大的耳朵很敏锐，可察觉到潜伏的危险。

大赤袋鼠

袋鼠跳起时的动作

大赤袋鼠

大赤袋鼠是现存体形最大的有袋动物，体长一般80～160厘米，体重23～70千克，而且它们能终生生长，因而有些会长得很大很重。有些雄性身高可达1.8米。大赤袋鼠平时较安静、温顺，在遇敌无退路时也会用后足猛踢对方。它们的后足强劲有力，可一下子使人致命。雄性在争斗打架时，动作如同人在进行拳击运动。大赤袋鼠非常善于跳跃，在缓慢行进时，每一跳约1.2～1.9米；在奔跑时，每一跳可达9米以上。

灰袋鼠

灰袋鼠身体为灰色，口鼻部有许多毛须，主要分布在澳大利亚东部、塔斯马尼亚岛，生活在干燥、开阔的地区。它们以吃草为主，对水的需求不大。白天，灰袋鼠在树荫下休息，黄昏时候才去觅食，直到清晨。大灰袋鼠全年皆可繁殖，只要食物充足，它们就开始繁殖。夏天通常是小袋鼠出生的高峰期。

休息时，尾巴起到"第五条腿"的作用。

蝙蝠

蝙蝠

世界上有将近1000种蝙蝠。除南北极及一些边远的海洋小岛外，世界上到处都有蝙蝠分布，尤以热带和亚热带最多。蝙蝠是唯一能真正飞行的哺乳动物。它们的翅膀由爪子间相连的皮肤（翼膜）构成。几乎所有的蝙蝠都是白天憩息，夜间觅食，多数以果实、花或飞虫为食。它们的视力非常差，只能依靠一种称为"回声定位"的方法来捕食。

翼上生有锋利的爪，便于捕食。

栖息环境

蝙蝠主要居住在各类大、小山洞，古老建筑物的缝隙、天花板、隔墙以及树洞、山上的岩石缝中。而在南方，一些吃果实的蝙蝠还隐藏在棕榈、芭蕉树的树叶后面。有些蝙蝠种群会上千只栖居在一起，有些雌雄在一起生活，或雌雄分开栖息。许多栖息在树林中的蝙蝠冬季时要迁徙到温暖地区过冬，有时它们要飞过数千里路。而温带的穴居蝙蝠一般都有冬眠的习性。

蝙蝠休息时，通常是倒挂在树上或岩壁上。

超声波定位

蝙蝠的视力很差，但它们分辨声音的本领很高，因为它们的耳内具有超声波定位结构，可以通过发射超声波并根据其反射的回音辨别物体。飞行的时候，蝙蝠用口和鼻发出一种人类听不到的超声波。遇到昆虫后，这种波会反弹回来。蝙蝠用耳朵接收后，就会知道猎物的具体位置，并立即前往捕捉。它们能听到的声音频率可达300千赫/秒，而人类能听到的声音频率一般在14千赫/秒以下。

蝙蝠一般在黑暗中活动，所以它们的眼睛几乎不起作用。

平衡生态系统

最新研究结果表明，虽然吸血蝙蝠常常危及牲畜和人类，但是，绝大多数蝙蝠是有益而无害的。比如，在热带雨林地区，每到夜晚降临后，果果蝙蝠就开始播撒植物种子，一夜之间可在1平方米的土地上撒下2～8颗种子；食蜜蝙蝠开始传授花粉，这在很大程度上加速了生态植被的恢复进程；而食虫蝙蝠是消灭林区害虫的能手，大大减轻了林区的病虫害。

一种热带食果蝙蝠

大耳蝠

大耳蝠又称为"兔蝠"。它们的体形很小，前臂长约4厘米，耳朵却长约3.7厘米，并呈椭圆形，两耳内缘基部相连。大耳蝠的体背面呈淡灰褐色，腹毛灰黄色，毛的基部为黑褐色。它们主要栖息在山洞、树洞或屋顶内，飞行时耳朵倒向后方。大耳蝠主要以捕食昆虫为生，冬眠时不食不动。

大耳蝠

吸血蝠

吸血蝠喜欢吸食鲜血，这种饮食习惯让它们"臭名昭著"。晚上，吸血蝠离开栖息地，去寻找睡梦中的牛和马等猎物。一旦发现猎物，它们就用门齿切开猎物一块无毛的皮肤，然后用槽状的舌头舔食血液。有时，它们也吸食人血。吸血蝠每次所吸的血液并不多，但它们会传播可能致人死亡的狂犬病，因此非常有害。

正在吸食猎物血液的吸血蝠

印度狐蝠

印度狐蝠也叫印度飞狐，是蝙蝠中最著名且体形最大的一种。它们的体长约为20～25厘米，没有其他蝙蝠所具有的尾巴；头和颜面狭长；吻部尖而突出；耳长且直立，结构简单，没有耳屏；眼大而圆，牙齿尖锐，整个面部看起来很像狐狸，因此得名"狐蝠"。印度狐蝠主要产于亚洲南部的印度、巴基斯坦、尼泊尔、不丹、缅甸和斯里兰卡等地，以植物的果实和花蜜等为食，它们特别喜欢吃香蕉等软质的果实。

印度狐蝠

猪鼻蝠

猪鼻蝠可能是世界上最小的哺乳动物。它们的体重大约为2克，体长仅3厘米左右。它们长着和猪鼻子相似的小鼻子，还有非常发达的耳朵。猪鼻蝠最早在1976年被科学家发现。它们居住在热带森林中，白天一般在山洞里休息，晚上觅食昆虫等。

小长鼻蝠

小长鼻蝠

以果实为食的蝙蝠种类很多。果实中的种子可以从蝙蝠的消化道里平安无损地排出，然后落在地上生根发芽。小长鼻蝠就是一种以果实为食的蝙蝠。它们常食一种仙人掌果实中的黏性物质，然后将剩下的种子从栖息的树上投下。种子就在土中萌发，长出仙人掌幼苗。

犬科动物

　　犬科动物包括狼、狐狸及家犬等。它们都是肉食性动物，身体构造已演化成特别适合狩猎的形态，例如牙齿可用来捕杀猎物、咬肉、啃骨头；其灵敏的视觉、听觉和嗅觉是狩猎利器。除美洲的丛林犬外，所有野生犬科动物都有能够快速奔跑的修长四肢，都有长尾巴和浓密的皮毛。此外，犬科动物属于用脚趾头走路的趾行动物，具有特殊的爪型。

拉布拉多猎狗

毛皮

　　犬科动物的毛皮有各种不同的长度和质地。通常，寒带地区的犬具有浓密的毛皮，温暖地区的犬则毛皮较短。其毛皮可分为两层：内层是柔细的绒毛，通常只有一种颜色；外层是较长、较粗的护毛，上面有防水天然油脂，并表现出自己特有的花样。犬科动物毛皮的颜色相当丰富，有各种深浅的白色、黑色和黄褐色。每年春天和秋天时，大部分的犬科动物都会掉落旧毛，换上比较稀疏的夏毛或又浓又密的冬毛。

北极狼的毛皮厚而浓密，
可以抵御冬季凛冽的寒风。

尾巴的作用

　　犬科动物的尾巴长得都很像，又长又直，而且毛茸茸的，通常末端呈黑色或白色。尾巴可以说是犬科动物的有力工具，不但可以充当奔跑时的平衡杆，还可用来表达感情。比如，当它们的尾巴高举时，多半是在和同伴互通讯息。不过，自从犬科动物被人类驯服之后，这些身体特征就常在人工育种中被改变。

尾巴的动作丰富
多样，可以向同伴传
达不同的信息。

感官

　　所有犬科动物都有敏锐的嗅觉、视觉和听觉。犬科动物的鼻腔内平均有20亿个味觉感受器，而人类只有500万个。同时，犬科动物对气味的记忆力也很强。它们可以通过鼻子嗅出猎物的行踪、找寻伴侣、辨别入侵者，甚至可以闻出对方的状态是轻松自在，还是紧张害怕。而红狐狸能依靠听觉和视觉来捕捉猎物。夜晚，红狐狸能通过辨别蚯蚓在土里移动发出的声音来捕捉它们。

狗的嗅觉异常
敏锐，高于人类嗅
觉数十倍。

群居生活

少数犬科动物是独来独往的，而多数种类过着群居生活，例如：灰狼外出捕食时，常常是20只或者更多的组成一群。成群地生活在一起，可以使狼共同协作捕捉一些大型动物，并可以一起保护它们的子女。通常，每一群狼都占据着一块足够大的领地。它们用尿来划定界线，并随时准备战斗，以赶跑其他狼群。

狼群中有鲜明的等级制度，通常是一雌一雄两只狼充当头狼。

不同品种的幼犬

繁殖

大多数犬科动物一年繁殖一次，每胎可产下1～12只幼仔。它们通常把幼仔生在封闭的洞中。同类犬科动物刚出生的幼仔长得都很像：身体小小的，眼睛还没有睁开，体毛和四肢都很短。大约9天后，幼仔才能睁开眼睛。幼仔刚出生时只能吸食母乳。断乳后，有些动物靠自己反刍出来的食物喂养后代，如狼和猎狗；有些动物则把猎物带回洞中喂给幼仔，如狐狸。

宠物犬

宠物犬大部分身高都不及35厘米。值得一提的是，无论宠物犬长得多么娇小，它们都是由狼演化而来的，每只宠物犬都遗传了某些狼的特性。因此，即使是最小的宠物犬也会表现出狼的某些行为，像啃咬骨头、守卫自己的领地、通过身体姿势和尾巴动作向同伴表达感受等。根据考证，古罗马人可能是最早培育宠物犬的，中国和日本等国也自古代就开始培育各种小型宠物犬。

宠物犬

狩猎犬

狩猎犬

狩猎犬是人类最早使用的捕猎助手。灵活的动作和优异的嗅觉是狩猎犬种具备的两大特征。狩猎犬又可分为视觉型和嗅觉型两大类。视觉型狩猎犬多具备细长的四肢及结实匀称的瘦长体形，因而成为沙漠地区追逐猎物的最佳选择。嗅觉型狩猎犬一般具备强有力的脚、细长形的脸，以及嗅觉比人类敏锐100万倍的鼻子。嗅觉型狩猎犬并非借着瞬间的速度来获取猎物，而是靠发挥其惊人的耐久力和长距离的奔跑，直到猎物精疲力竭为止。

德国牧羊犬

德国牧羊犬

德国牧羊犬体形适中，有发达的肌肉、强壮的骨骼，行动轻盈敏捷。雄性犬的身高在60～65厘米之间，雌性犬的身高在55～60厘米之间。它们的耳朵直立时，两耳直立的方向几乎平行。其尾巴下部有浓密的毛，长度至少达到爪关节。当其尾巴处于静止时，尾巴有轻微的弯曲，好像一把军刀。纯种德国牧羊犬毛皮的基本颜色是黑色，并伴有一定的棕色、红棕色、金黄色或浅灰色。

澳洲野犬

澳洲野犬

澳洲野犬已经在大洋洲繁衍了数千年，成了那里的顶级肉食动物。澳洲野犬体长不超过1.8米（包括尾巴）。它们的爪子非常大，耳朵总是竖起来。和家犬不同的是，澳洲野犬不会叫。这种野犬经常袭击羊群，这让当地的牧场主很头疼。

丛林狼

北极狼

北极狼生活在北极地区。它们的皮毛雪白，与北极冰天雪地的环境达到完美的融合。它们过着群居生活，通常20～30只构成一个种群，由一只雄性和一只雌性共同领导。它们的主要猎物是更大的食草动物，如驯鹿。一只北极狼一天能吞食约10千克肉。在没有食物的时候，它们连腐肉也吃。北极狼的家庭观念很强，严格实行一夫一妻制。雌狼一胎会产4～7只幼崽，由夫妻共同抚育。

丛林狼

丛林狼主要分布在从墨西哥中部至北美中部与西部地区。它们的吻鼻部细长，耳朵大，腿细长，尾巴呈刷状，但长不及体长的一半。其体色为暗褐灰色，腹部为白色，背部绒毛似铜色，并在背部中区形成黑色纹。丛林狼的栖息范围极广，从高山到平原，从森林到草地都有它们的踪迹。这种动物极聪慧。它们的奔跑速度极快，游水能力也很强，主要以兔、鹿、羊、家畜及鸟等为食，也吃植物性食物。

灰狼

灰狼是犬科动物中体形最大的成员，它们过去分布在北半球的大部分地区，现在只有在偏远地区，特别是森林里才能够见到它们。灰狼多通过面部表情来和同伴进行交流。当它们龇起牙时，就表示它们要进攻了。狼群一般由一对成年灰狼和它们的后代组成。它们通常是群体狩猎。尽管猎取到食物后是集体分享，但狼群有着非常严格的等级制度，晚辈要把自己的食物分给强壮或年长的灰狼。

灰狼

鬃毛狼

嘴部突出。

腿部细长。

胡狼

胡狼主要分布在欧洲东南部、北非、中东和南亚。它们的外表和丛林狼有些相似。与许多犬科动物一样，它们既捕食活的动物，也吃动物死尸。胡狼会在天黑以后利用敏锐的听觉和嗅觉来寻找猎物。它们通常生活在干燥的地方，有时也在农场或村庄附近定居。尽管胡狼有时会袭击家畜，但它们能够杀死毒蛇，因此对人类还是有益的。

鬃毛狼

鬃毛狼的故乡在南美洲，其瘦长高大的体形适合在高大的草丛中驱追猎物。它们捕捉天竺鼠、兔子和小啮齿动物，偶尔也捕捉鱼和昆虫。它们长而瘦的腿像高跷，有与众不同的黑毛。高高的身体使其能看清远处猎物的移动情况。当它们想要引起人们的注意时，会竖起肩上的毛，同时展示其脖颈上的白斑。

北极狐

胡狼

北极狐

北极狐的身材较小，长着厚厚的皮毛，爪子下面也有保暖的毛，所以它们能抵御北极的寒冷。它们的毛夏季为棕色，到了秋季才换成白色。北极狐的适应性非常强，并且可以毫不费力地改变自己的饮食习惯。它们通常以小型的啮齿类动物为食，也吃鱼类和那些被海水冲上岸来的动物尸体。而在冬天，当食物缺乏时，北极狐会吃北极熊留下的剩肉。有时，北极狐会彼此抢食，甚至会发生同类相残的事情。

熊猫

脸像熊一样。

熊猫，又名大猫熊，主要分布在中国的四川、陕西、甘肃，栖居于海拔2400～3500米的高山竹林中。大熊猫性情较温顺，很少主动发起攻击。它们的视觉和听觉相当迟钝，但嗅觉稍好。虽然它们躯体笨重，却很善于攀爬，会游泳，在逃避猎人追捕时，能迅速爬到大树梢上。除交配期外，大熊猫常独居生活。

浓密的防水毛，使熊猫保持身体干燥。

习性

因为竹子的能量低，为了尽量减少能量消耗，大熊猫将一天时间主要分配在觅食和休息上。吃饱喝足后，它们便爬上高高的树杈睡觉。因此，大熊猫一天中有54.86%的时间用于觅食，43.06%用于休息，2.08%用于游玩。另外，大熊猫不惧严寒、从不冬眠。即使气温下降到-4℃～-14℃，它们仍可穿行于白雪皑皑的竹林中。熊猫还不怕潮湿，可以终年在湿度80%以上的阴湿森林中度过，因为它们的皮毛有防水功能。

用爪子牢牢抓住树干。

背靠在雪堆上享受美餐。

食性

竹子是大熊猫的最爱，尤其是各种箭竹。它们也偶食小动物、鸟卵或野果。它们的消化与咀嚼能力很强，直径2厘米多的竹竿也能咬碎咽下。大熊猫的食量很大，在自然环境中，它们一天要吃几十千克竹子。大熊猫吃东西时，一般背靠树干坐下，用前掌握住竹子送到口内。大熊猫由于食量大、消化快，因此总是边走边吃边排粪便。这也为人类追踪它们的行迹提供了准确的时间和方向。

刚出生的熊猫幼仔

生存危机

大熊猫一般每两年才繁殖一次，一胎只会生两只幼崽，而且雌熊猫没有能力全部养活它们。缓慢的繁殖，再加上日益减少的居住地和人类的残害，都导致了野生大熊猫数量的减少。动物园中采用人工繁殖的方法也只取得了很小的成效。

浣熊

浣熊的视觉和嗅觉都很灵敏。

浣熊生活在北美和中美以及南美洲北部地区，一般体长42~60厘米。浣熊的毛很长，眼睛周围是黑色的，看起来好像戴着面具。浣熊擅长爬树、游泳，大多在夜间活动，利用视觉和灵敏的嗅觉来觅食。它们的爪子很灵活，适应能力很强。它们不仅在林地生活，还学会了如何在有人类居住的地区生活。

食物

浣熊的食物范围很广，且随着季节的更替而变换食物的种类，如蚯蚓、青蛙、蝌蚪、螃蟹和鱼头等都是它们的食物。如果发现鸟蛋，它们能够很巧妙地用爪子在蛋上挖洞，然后吸食蛋中的汁液。吃东西时，浣熊能灵巧地用两只前脚抓起食物来吃。它们的前颚长有尖尖的犬牙，用来咬住和撕裂食物，然后用颚齿磨碎食物。

浣熊的脸像面具一样。

保护幼仔

母浣熊常常靠在树边，一边给小浣熊喂奶，一边给它们梳理体毛。母浣熊带领儿女们外出游玩时，如果遇到袭击，会立即叼着幼仔颈部逃往他处，或猛击小浣熊的臀部，督促它们快爬到树上去。如果被逼得走投无路，母浣熊会挺身而出，保护自己的子女。

浣熊长着毛茸茸的尾巴。

脸上黑白相间的条纹

夜间行动时，胡须充当传感器。

浣熊

小熊猫

小熊猫属浣熊科，产在我国陕西、甘肃、四川等地以及缅甸、印度等国家。小熊猫主要生活在海拔2000~3000米的高山丛林地带。它们机警、灵活，善攀爬，可以飞快地在树枝间攀缘。小熊猫也喜欢吃竹子，同时也吃树叶、果实、小鸟等食物。它们从不独居，在野外成对或成家族活动。白天，它们用红棕相间的大尾巴盘着脑袋在树上大睡，晚上才会下到地面上觅食。

虎

　　虎是独立、优雅而又神秘的动物。它们是最成功的肉食动物之一。它们用非常锋利的牙齿将肉撕成碎片，用尖利的爪子捕捉猎物和攀岩。虎主要在夜间觅食。尽管它们的身材高大，却能够悄无声息地接近猎物，然后进行偷袭。但近些年来，由于人类的捕杀，虎的数量大幅度减少。目前，世界上仅存东北虎、华南虎、印支虎、孟加拉虎和苏门答腊虎五种，总数不到7000只。

一只正在侦察猎物的孟加拉虎

正在沐浴的华南虎

自我保洁

　　虎类很爱洗澡，尤其在盛夏季节，为了保持凉爽，老虎常会待在水里或靠近水的地方。洗澡时，它们总是慢慢地在水中蹲伏下来，先将长而硬的尾巴浸入水中，然后用尾巴把水往背部挥洒。

秘密武器

　　老虎都有利于隐藏自己的条纹。当它们接近猎物时，可以把高大的身体贴近地面，藏在草丛中或河塘里而不易被发现。老虎素有"百兽之王"的美称，除了尖牙利齿外，它们身后那条又粗又长的尾巴也是一件厉害的武器。当它们攻击猎物扑空时，便会抡动尾巴扫向对方。这一招常令猎物躲闪不及。老虎的尾巴长1米左右，大约是其体长的一半。此外，它们也用尾巴与其他老虎进行交流。

通过摩擦，虎把气味留在树上，以占领地盘。

虎尾是一件秘密武器，可给敌人致命一击。

捍卫领地

　　老虎的领地观念十分强。每只老虎都需要很广阔的生活范围，任何入侵其领地的动物都会遭到攻击。老虎的地盘大小取决于其中可猎捕的猎物的数量。一般来说，每只老虎地盘的大小为26～78平方千米。老虎通常单独生活，一只雄虎的地盘通常会和好几只母虎的地盘重叠。

东北虎

东北虎又称西伯利亚虎。一般成年虎身长1.5～2.5米，最大体重可达300千克，头圆，耳短，嘴方阔，四肢粗壮；毛色深浅不同，背毛为金黄色或棕黄色，腹毛为白色，周身布满黑色斑纹，额头上的花纹呈"王"字。东北虎聪明而强悍，极具攻击性，动作快速而优美，平时单独生活，单独狩猎。它们成对生活的时间很短，没有固定的交配期，2～3年生育一次，多在冬季交配。

胡须像感应器一样，可帮助老虎在夜间探寻道路。

东北虎

华南虎

华南虎又称厦门虎，是老虎最小的几个亚种中的一种。雄虎从头至尾身长约2.5米，体重接近150千克；母虎更小，身长约2.3米，体重接近110千克。它们毛皮上的条纹既短又狭窄，与孟加拉虎和东北虎比起来，条纹之间的间距较大。华南虎生活在中国中南部，目前野生华南虎种群存在的可能性已不大。

华南虎

孟加拉虎

孟加拉虎

既神秘又孤僻的孟加拉虎让人充满恐惧，同时又使人着迷。它们的头大而圆，看起来像是一只硕大的猫。它们身披淡棕色或褐色的毛皮，腹部为白色或淡黄色，身上长着灰色或黑色的美丽条纹。孟加拉虎不善于长距离地追捕猎物，而善于出其不意地在瞬间制服猎物。因为它们的后腿长，前腿强壮，脚上长着长而尖的爪子，具有较强的爆发力。孟加拉虎的食量大得惊人，有时一餐可以吃下40千克肉。

爪哇虎

爪哇虎分布在爪哇岛的南部山地丛林中，其视觉、听觉和嗅觉都很灵敏。它们不挑剔生存环境，只要有隐身处、水和猎物就可以了，并不像豹子那样过分依赖森林。爪哇虎除了在繁殖季节雌雄一起活动之外，其他时间全部独栖，并且每只需要100平方千米的活动范围。20世纪初，爪哇岛上仍生存着近万只的爪哇虎。但因其活动领域逐渐缩减，数量也在一天天地减少。

白色型孟加拉虎

狮

狮子表面看起来是一种懒惰的动物，因为它们大部分时间都在打盹，只有在饥饿或是为了捍卫它们的领地时，才会从昏睡中醒来，变得凶猛异常。狮子通常选择一些开阔地休息，这种开阔的视野有利于观察周围的情况，对它们的狩猎是非常有用的。狮子的身体呈黄褐色，与干草或荒地的颜色十分接近，形成了与其栖息环境完美融合的保护色。狮子具有很强的领地意识，而它们确定领地范围的重要方法之一就是在领地周围散布气味。

集体狩猎的狮群

正在喝水的雄狮

生活习性

狮子一般在早晨和夜晚要各喝一次水。白天时，很难见到狮子活动，偶尔可以看见它们在矮树中或高台上徘徊。狮子很不喜欢炎热，白天它们常是懒洋洋的。它们通常上午9点多走进有树荫的地方；当太阳西下时，就到有水的地方去喝水。水边常有多种动物饮水，因此，那也是猎食的好场所。

正在捕食的雄狮

幼仔的成长

狮子的幼仔出生时，体重只有0.5～1千克；6天后，幼仔张开眼睛；2个月后开始吃肉类，勉强能走路；6个月后，母狮就会教幼仔有关狩猎的方法；1年后，幼狮已长得像狗一般大小，并逐渐离开母狮生活；3岁时，雄幼狮的鬣毛开始长出；6～7岁时，幼狮才算成熟。

母狮与幼狮

狩猎

狮子都在接近黄昏、比较凉爽的时候，才开始狩猎。狩猎一般是母狮的工作，雄狮并不参与。多数情况下，除了留下一只母狮照顾幼仔外，其余的母狮全部出动寻找晚餐。狩猎时，狮子先在草食动物中选中目标，再由居下风的草丛后面一步步接近目标，先由一只母狮突然袭击，其他母狮再包围追赶，合力捕食。它们先用前爪狙击，将猎物拖倒或直接咬住下颌。猎物一旦遭到攻击，就很难幸免。

天敌

  狮子在一般人心目中是非常勇猛的。但事实上，它们也有敌人。虽然母狮精心呵护幼狮，但出去狩猎时，往往顾不上照顾幼狮，幼狮常会被鬣狗捕杀。在非洲大陆上，最强大的动物是象，非洲犀牛也很厉害。据说，一只犀牛打得过3～4只狮子。所以，狮子也会因猎物反攻而受伤致死。此外，狮子遭人类捕杀的数量也远远超过老虎。很多地区对狮子采取了保护措施，狮子才得以保全。

在非洲草原上，犀牛成了狮子强有力的对手之一。

雄狮

  相对雌狮而言，雄狮的体毛较短，颜色从浅黄、橙棕或银灰到深棕色各异，尾尖有一丝毛，其颜色比其他体毛更深。雄狮最显著的特征是它们有美丽的鬣毛，看上去十分威严。在一个狮群里，成年的雌、雄狮子是有分工的。雌狮除了产仔繁殖后代外，主要的任务就是捕猎食物；而雄狮除了做幼狮的爸爸外，主要是狮群的保卫者，负责整个狮群的安全。一旦发现敌害入侵，雄狮就会挺身而出。

狮鬣使雄狮看上去更高大威猛。在争斗中，狮鬣还可确保雄狮的颈部和背部免受伤害。

非洲狮

  非洲狮是非洲的象征，拥有强壮的肌肉、极具弹性的脊椎、锐利的爪和牙齿。雄狮体重可达350～400千克，身长可达3.5米，雌狮略小。非洲狮可以与它生活的黄褐色的环境融为一体，因此不易被猎物察觉。其实，非洲狮捕食能力很差，只能依靠群体伏击。

亚洲狮

美洲狮

  美洲狮是一种凶猛的食肉野兽，像狮子但不是狮子。它们主要以野生动物为食，也吃蚂蚁、鼠类、鸟类、鸟蛋等，在饥饿时还会盗食家畜家禽，甚至连最难对付的犰狳、豪猪和臭鼬也不放过。美洲狮在跳跃方面有着过人的"天赋"。它们轻轻一跳，便能跳到6～7米以外，一跃可达十几米远。如果美洲狮捕捉到的猎物比较多，它们就把剩余的食物藏在树上，等以后回来再吃。

美洲狮

亚洲狮

  亚洲狮又名印度狮。它们与非洲狮相比，鬣毛较短，被毛较厚，体毛丰满，尾端簇毛较长。幼狮皮毛有斑点，毛色以棕黄为主。亚洲狮常常选择开阔的草地或灌木丛以捕食有蹄类动物，捕到猎物后全族分享。现在，亚洲狮仅见于印度西北古吉拉特邦境内的吉尔自然保护区，数量有300余只。但由于这最后的庇护所地域狭窄，生态密度过高，亚洲狮生存与繁衍的前景并不乐观。

豹

　　豹身上长有斑点，灵活而漂亮，是适应能力最强的猫科动物之一。它们可以生活在各种各样的环境中，从稀树草原、沙漠到山坡，到处都有它们的足迹。豹一般在夜间觅食，通常从近处袭击猎物，而不是依靠追击。

豹

猎豹

　　猎豹是非洲草原上最迅捷的杀手。其背骨柔软，身段苗条而毫无赘肉，这使它们成为陆地上奔跑速度（高达120千米／小时）最快的动物。猎豹全身覆盖着金黄色的皮毛，上面布满黑色斑点，眼睛至嘴巴处还有一条显眼的黑线。猎豹凭借速度捕猎，但它们的耐性不佳，一般只追逐500米，若仍未捉到猎物，便会放弃。

猎豹

繁殖

　　猎豹有固定的繁殖期。雌豹经过大约90天的怀孕期后，会生下2～5只幼豹。为了小猎豹的安全，豹妈妈会把它们藏在草丛里，捕到猎物后就带回去让它们分享。由于雌豹没有固定巢穴，所以每隔几天，它们就会搬一次家。

金钱豹

　　金钱豹又称豹、银豹子、文豹，其体态似虎，身长在1米以上（不包括尾），头圆，耳小，全身棕黄而遍布黑褐色金钱花斑，金钱豹也因此而得名。金钱豹一般栖息在茂密的森林中，善于跳跃和攀爬。它们多过着独居夜行生活，常在林中往返游荡，捕食猿猴、野兔、鹿和鸟类等，时而还猎食家畜。金钱豹生性凶猛，甚至可与虎交锋，但一般不伤人。

小猎豹

斑纹呈黑褐色，与身体明亮的颜色形成对比。

尾巴修长，用来保持身体在运动状态下的平衡。

金钱豹

行走时爪子收回，以使其保持锋利。

雪豹

　　雪豹是中亚地区最大的一种猫科动物，在我国分布于四川、西藏、青海、新疆等地。雪豹的突出特征是尾部长而粗大，头尾总长1.8～2.3米，仅尾长就接近1米。而且雪豹的尾毛非常蓬松，可以裹住身体和面部取暖。它们多栖居于海拔2700～6000米的高原裸岩地带，能在一个岩洞中居住数年之久。雪豹的胸肌发达，四肢矫健，感官敏锐，善攀爬、跳跃，以山羊、斑羚、鹿、鼠、兔等为食。它们借助周围环境及隐蔽物逐渐接近猎食对象，然后突然发起攻击。雪豹喜独居，常夜间活动，所以人们平时很难见到它们。

雪豹

美洲豹

　　美洲豹的身材中等，带斑点的毛皮非常漂亮。美洲豹主要生活在森林和沼泽中，擅长游泳，还非常喜欢在水中嬉戏。这一点和大多数猫科动物不同。它们通常在河岸边寻找食物，袭击水獭、海龟甚至大蛇。美洲豹能伤人致死，不过通常情况下，它们对人类都敬而远之。

云豹

　　云豹是珍贵的猫科动物之一，全身披淡灰褐色毛，四肢较短，尾巴很长。它们的体侧约有6个云形暗灰色斑纹，斑纹外缘为黑色。与其他猫科动物相比，云豹的头部相对较大，体形比金钱豹小。它们常猎杀比自己大的猎物，尤其善于捕食树上的哺乳动物。

美洲豹

习性

　　云豹主要栖息在亚洲东南部的热带和亚热带丛林中。由于它们的皮毛柔软美观，所以常遭人类猎杀。云豹繁殖幼仔时有个怪脾气：在生小豹时，必须保证绝对的隐蔽，不得有任何风吹草动，否则就会将小豹吃掉，或自己独自出走，将小豹弃之不管。

云豹

云形斑纹

黑豹

黑豹

　　黑豹主要分布在亚洲，其通体呈黑色，体长约有1～1.7米（包括尾巴）。事实上，黑豹的皮毛上仍是带有斑点的，但只有在强光的照耀下才会显现。黑豹即使白天也居住在黑暗的森林深处。它们的力气很大，可将重于自己体重两倍的猎物拖到树上食用。黑豹的食性依个性而有所不同。

鲸

鲸目包括鲸与海豚，是大约6500万年前从有蹄类动物进化来的。它们都有圆滑的流线型身体，以及具有推进作用的扁平尾巴。和所有的哺乳动物一样，它们用乳汁哺育幼仔。它们在水中追逐猎物，捕获食物。除了一些海豚外，大部分鲸目动物生活在海里。目前，世界上约有80种鲸目动物。

跃身击浪的虎鲸

背鳍

喷气孔

前额，又称隆额。

肌肉发达的尾干

流线型的躯体

隆脊

嘴喙，又称吻部。

没有外耳，只有小耳孔。

海豚的身体构造

身体构造

鲸与陆地动物不同，陆地动物的骨骼根本无法支撑像鲸那样巨大的身体，而鲸是靠水的浮力来支撑身体的。其庞大的身躯也有一定的优势：首先，它们的表面积与体积的比率较小，比小动物更容易保持体温；其次，这样大的体形足以威慑那些远洋肉食动物，例如鲨鱼。海豚是小型有齿鲸。其身材苗条，皮肤光滑，能在水中以极快的速度追赶猎物。

小抹香鲸出生不久，正跟随妈妈在水中活动。

正在捕食的鲸

生育

鲸目动物仍然保持着哺乳动物的典型特征，即胎生、哺乳和温血。雌鲸通常一次仅怀一胎，春秋期间受孕，11~12个月后生产，幼仔直接出生在水里。幼鲸出生后，雌鲸会立即将它们推送到水面上，幼鲸就能呼吸到第一口空气了。这是一个非常危险的时刻，必须小心提防肉食性鱼类的进攻。

捕食

鲸有两种类型：一种叫须鲸，另一种叫齿鲸。须鲸没有牙齿，但有角质化的鲸须。鲸须起着过滤作用，这种过滤能使它们避免吞下那些消化系统不能消化的大动物。露脊鲸、座头鲸和蓝鲸等都是须鲸，它们以磷虾为食。齿鲸比须鲸要小得多，抹香鲸、鼠海豚、虎鲸等齿鲸会主动追捕猎物，以鱼和软体动物等海洋生物为食。虎鲸甚至还吃海豚和鼠海豚，并且成群地攻击比它们个头更大的鲸。

喷潮

鲸没有鼻壳，鼻孔直接长在头顶上。当它们的头部露出水面呼吸时，呼出气体中的水分在空气中突然遇冷形成水蒸气，就像我们冬天的呼吸一样。强烈的水汽向上直升，并把周围的海水也一起卷出海面，于是蓝色的海面上便出现了一股蔚为壮观的水柱。这就是"鲸鱼喷潮"，动物学上叫鲸鱼的"雾柱"。

鲸鱼喷潮的壮观景象

海豚常会跃出水面，做出一些特技动作。

嬉戏

对年幼的鲸而言，嬉戏是学习过程的一部分；对成年的个体而言，嬉戏则可能有助于强化其社会关系。许多鲸似乎乐于与人类或其他的物种为伴，它们甚至会戏耍海草、卵石以及海中的其他物体，拿来顶在嘴边或平放在胸鳍之间。海豚是海之骄子，人见人爱。它们时而弄潮戏波，时而你追我赶，更不时跃出水面。它们少则三五成群，多则成百上千，浩浩荡荡，势不可当。

搁浅

每年，世界各地都会发现有几百头甚至上千头鲸、海豚在海岸边搁浅。关于这一现象，有的人认为，这是由于地球磁场的变化引起鲸的航向发生问题所导致的。也有人认为，这是鲸类动物集体自杀的现象。事实上，不同的情况可能有不同的解释，这一切都取决于鲸类动物的种类、发生搁浅现象的地点和其他许多不同的因素。

宽吻海豚

搁浅在海边的鲸群

回声定位

大多数的鲸、海豚与鼠海豚都能借助声音构建出周围环境的"图像"，这就是所谓的"回声定位"。它们发出的声音碰到周围的物体后会弹回，同时也可用来警告其他水中动物自己的存在。在深海中，水下几乎没有光线，因此多数鲸像蝙蝠那样利用回声定位来四处活动。这有助于它们找到成群的鱼类或枪乌贼。

海豚

　　海豚和鲸一样，都属于鲸目哺乳动物。但是海豚比鲸小，而且它们的流线型形体看起来更像鱼。海豚的吻细长，额部隆起不明显，额与吻之间有明显的凹凸，背鳍、鳍肢呈三角形，末端尖；背部深蓝灰色，腹面白色，体侧前端为土黄色，后端为灰色。海豚的游泳速度非常快，可以达到每小时40千米。而且它们还喜欢嬉戏，表演各种高难度动作。

海豚浮出水面，水正流入它的喷气孔。

相对其他海洋哺乳动物而言，发达的大脑使海豚的行为更为复杂。

发达的大脑

　　海豚的大脑发达，平均重1.6千克，占其体重的1.17%（人脑占人体体重的2.1%），而且其脑的沟回很多，外观与人脑极相似。它们喜欢成群地生活在一起。幼豚往往要跟在母豚身边好多年。它们能模仿成年海豚的行为，学会捕鱼、传递信号、逃避鲨鱼等。

习性

　　大多数海豚喜欢群居，群与群之间联系也相当频繁。它们的家庭关系非常密切：如果有一只海豚繁殖，其他的雌海豚都会聚集过来，帮助刚出生的小海豚浮到水面上呼吸空气。海豚还具有天生的救人本能：在前苏联，科学家曾驯化了几头海豚，让它们一起与儿童下海游泳。如果有孩子潜入水中时间过长，海豚便会将他们顶出水面。

成群嬉戏的海豚

海豚的鳍很宽大，可用来控制方向。

不眠的动物

　　海豚的睡眠也是独一无二的。睡眠中，海豚的大脑两半球处在明显不同的两种状态之中：当一个大脑半球处在睡眠状态时，另一个却在工作；每隔十几分钟，两边的活动方式变换一次。难怪人们称海豚是"不眠的动物"。

宽吻海豚

宽吻海豚又叫大海豚，主要生活在温带和热带的各大海洋中。和所有海豚一样，宽吻海豚有着流线型的身体、光滑无毛的皮肤，身体背面是发蓝的钢铁色或瓦灰色，向腹部体色逐渐转淡。它们的嘴裂形状似乎总是在微笑，很讨人喜爱。宽吻海豚的智力很发达，理解能力也较强，又具有好玩的本性，所以，经过训练，它们可以"唱歌"、"顶球"、"与人握手"、"钻火"等。

宽吻海豚

亚马孙海豚

亚马孙海豚

亚马孙海豚是世界上最大的海豚。它们分布在南美洲亚马孙河和奥里诺科河庞大的河流网中。亚马孙海豚的颌特别狭窄，身体的颜色很多，从灰色到浅粉红色都有。它们主要以鱼、小龙虾以及其他小动物为食，依靠视觉、听觉以及回声定位寻找食物。在旱季，亚马孙海豚会聚集成群，每群大约有十几只；而在其他季节，它们则成对地生活在一起。

印度河海豚

印度河海豚是少数淡水海豚之一，其体长不超过2.5米。它们和生活在恒河中的海豚有较近的亲缘关系。印度河海豚的颌细长，牙齿非常尖利，宽宽的鳍状肢好像船桨。它们的眼睛很小，近乎失明，因此只能依靠回声定位来寻找食物。过去，整个印度河中都有这种海豚。但由于人类在河上建大坝、拦河坝等，挡住了海豚的洄游路线。现在，印度河海豚只生活在巴基斯坦境内的水域中，现存不到500只。

鼠海豚

鼠海豚看起来就像是小的海豚，只是身体更丰满，更具流线型。它们的吻部是圆钝的，而普通海豚的吻部是尖喙形的。这种灰白色的动物一生大部分时间生活在近海或者浅海，有时会游到码头或者港口。尽管鼠海豚的分布较广，但是并不多见。这是因为它们十分怕羞，很少跃出海面，而且也不靠近来往船只。鼠海豚和海豚一样，都受到现代化捕鱼技术的很大威胁：一旦被渔网缠住，无法浮到水面上来呼吸，它们就会死掉。

鼠海豚

海豹、海狮和海象

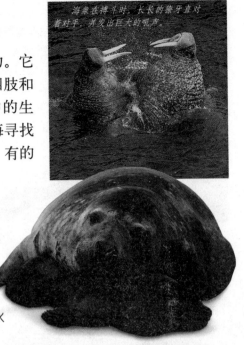

海象在搏斗时，长长的獠牙直对着对手，并发出巨大的吼声。

海豹、海狮和海象都属于海洋哺乳动物。它们拥有流线型的身体，以及演化成鳍状的四肢和绝缘性极佳的鲸脂和体毛，非常适应海中的生活，同时也能在陆地生活。它们能潜入深海寻找猎物，大多以鱼、乌贼和甲壳类动物为食，有的也会攻击其他海洋哺乳动物的幼兽。

海豹

海豹的身体胖墩墩的，呈纺锤形，圆圆的头上长着一双又黑又亮的大眼睛。它们的鼻孔是朝天的，嘴唇中间有一条纵沟，很像兔唇，唇上还长着短短的胡须。海豹短胖的前肢非常灵活，能抓住猎物而摄食，还会抓痒。它们平时常浮在水面上睡觉，到了冬季则在冰下生活。

海豹母子

海狮

海狮是一种食肉性哺乳动物。它们大部分时间都是在水中度过的，到繁殖期会到岸上去。其实，海狮长得并不像陆地上的狮子，只是咆哮的声音比较像而已。它们长着圆圆的脑袋，鳍状四肢如翅膀一般，后肢还可以转向前方。在陆地上，它们可以行走自如；在海中，它们又是游得最快的动物。

小海狮要靠吮吸妈妈的乳汁，才能健康成长。

海象

海象

海象是北极地区仅次于白鲸和格陵兰鲸的大型海兽。它们的特征就是无论雌雄都长着一对长长的獠牙。海象的躯体呈圆筒状，全身皮肤厚实而又褶皱丛生，脑袋长得又小又扁，脸上长满像刷子般坚硬的短胡须，一双小眼睛埋在皮褶里，几乎难以看见。海象生有4只宽大的鳍脚，两只后鳍脚可以向前弯曲，帮助它们在海滩上爬行。

海狗

　　海狗的体型很像狗，因此得名海狗。海狗的身体呈纺锤形，头圆嘴短，有小耳壳，眼睛较大。它们的四肢因长期生活在水里而变成了鳍状，适于游泳。海狗的游泳技术非常高，时速可达30千米左右。其潜水本领更高，可潜入100多米的深水处。海狗喜欢吃乌贼，也吃各种鱼类。其食量很大，一天要吃20多千克东西。它们多在白天下海捕食。海狗的听觉和视觉很灵敏，在明亮清澈的水中能辨识到物体；在夜晚或混浊的水中，还能施展利用声呐回声定位的本领。

刚出生的小海狗，身体还是湿润的。

雄海狗的周围聚集着多只雌海狗。

繁殖期间的洄游

　　海狗在繁殖期间有洄游习性。雌海狗一般在每年8月下旬到9月间开始出海洄游；而海狗的幼仔则在稍晚的9～11月之间出海。它们顺着寒流，在白令海和鄂霍茨克海的各个岛屿间进行2400～3200千米的大洄游。每年5月，从西太平洋北上的黑潮渐强；到5月下旬，在这些黑潮流经的北太平洋各个岛屿的海岸边，到处都可以看到肚子大大的、待产的雌海狗。

怀孕期间的雌海狗

群居生活

　　海狗喜欢群居生活。全世界大部分的海狗都生活在美国阿拉斯加附近的普里比洛夫群岛，因此，这个群岛又有"海狗岛"之称。此外，在靠近堪察加半岛的科曼多尔群岛、千岛群岛和萨哈林岛附近的小岛上，也有一些海狗群居。

张嘴示威的雄海狗

海狗的家庭

　　海狗实行"一夫多妻"制。每个家庭中，雌海狗的数量多寡不等，从两三只到100多只的都有。在怀孕的雌海狗登陆期间，雄海狗会尽量保护它的家庭，如有其他雄海狗接近，它便会将入侵者赶走。此外，雄海狗也不出海猎食，在登陆繁殖的岛屿之前，它们会先补充食物，在皮下堆积大量的脂肪，作为维持生命的能源。

象

象是当今地球上最大的陆生哺乳动物。它们的嗅觉和听觉发达,视觉较差;鼻子就像人类的胳膊和手,可将水和食物送入口中;巨大的耳郭不仅能帮助聆听,也起着散热的作用;雄象的长獠牙是特化的上颌门齿。象是群居性动物,以家族为单位,有时数个家族结合在一起,形成数量达百只的象群。目前,象科主要包括亚洲象和非洲象两种。

生活习性

象的食量很大,一天可吃225千克或更多的食物。食物对象主要是草、树叶、嫩芽和果子。除此之外,它们每天还要喝140~230千克的水。象行动缓慢,一般每小时只能走约6千米,但有时速度也可达每小时40千米。大象喜欢水,只要遇到有水的地方,它们就会跳进去玩耍。

泳技高超

大象水性极好,能涉水渡过宽而深的大河或湖泊,也能进行马拉松式的游泳。它们轮流将头和前脚搁在另一头大象身上,只用后腿游泳。通过交替休息,共同到达目的地。这样的活动,它们能连续进行30多个小时。

一只在水下潜游的大象

象的鼻子十分灵活,可把草送入口中。

长鼻子的功能

象的鼻子是一条长长的、能够灵活运动的、由肌肉组成的管子,而且神通广大,具有多种功能。象鼻子能拔起10米高的大树,也能捡起细小的针。象在静止或活动时,总爱晃动它们的长鼻子,这是在通过嗅觉捕捉周围的信息。象鼻还可以在饮水时用来吸水,通过触摸和闻与同伴进行交流,以及用来扩大声音,用来表示争斗的行动,同时象鼻也是攻击和自卫的武器。

象耳朵皮肤表面的血管丰富，便于散发体内热量。

可以作为武器的象牙

象群

母爱

在大象王国中，母象是家庭的首领。不管象群走到哪里，或是遇到多么强大的敌人，都不会发生母象抛弃小象自己逃命的事情。面对生病的小象，母象往往表现出无限怜惜之情，会用长鼻子轻轻抚摩小象的脊背，使小象感受到慈爱与安全。

小象用鼻子卷住妈妈的尾巴，既是嬉戏，也是象群行进的一种方式。

非洲象

非洲象产于非洲中部、东部和南部，栖息环境多样，在草原、河谷、密林和沙漠丛林都可见到它们的踪迹。非洲象的前额突起，背部更加倾斜，肩部是最高点，雌、雄均有长獠牙，但雌性的小得多。一般母象獠牙平均重约7千克。

亚洲象

亚洲象分布在东南亚、我国的云南及印度、缅甸、马来西亚、印度尼西亚和斯里兰卡等地。亚洲象的体形比较小，体长5.5～6.4米，体重约5000千克，前额扁平，头顶是最高点，雄性有一对长獠牙，雌性的牙则很短或者根本没有。亚洲象性情温顺，经过训练的亚洲象甚至能替主人看管小孩。

非洲象

亚洲象

骆驼

骆驼科动物是最大的偶蹄类哺乳动物。它们可以适应干旱、炎热的气候，在沙漠的夜晚，它们的皮毛可以抵御寒冷；白天，它们的体温可随外界气温的变化而不断升高，以避免皮肤被晒伤。骆驼科动物都有长长的睫毛、细长的鼻孔，可以避免风沙吹进眼睛和鼻子里。其裂开的嘴唇适于吃一些干枯的植物。骆驼科动物主要包括单峰驼、双峰驼、羊驼、驼马等。

骆驼

驼峰

骆驼背上的驼峰里，储存着大量的脂肪。这些脂肪可以完全氧化为水，因此骆驼能多日滴水不进地长途跋涉，靠的就是分解脂肪中所储存的能量。当驼峰里的脂肪被分解后，骆驼的驼峰会逐渐萎缩甚至消失，这表明骆驼已经精疲力尽了。

高耸的驼峰

双峰骆驼

双峰骆驼别名"野骆驼"，原产在亚洲西部的土耳其、我国和蒙古，栖息于戈壁大平原、荒漠中的灌木丛地带。双峰骆驼的身躯较大，体重有450～650千克。其头部狭长，耳小多毛，鼻孔为裂状。双峰骆驼全身长有细密而柔软的绒毛，毛色多为淡棕黄色，颈部有鬃毛，前腿、驼峰上的毛稍长，多为棕黑色。它们几乎能吃沙漠和半干旱地区生长的所有植物，甚至连其他食草动物不吃的含碱盐植物也能吃。

双峰骆驼

后腿弯曲，便于跪卧。

能负重的身躯

习性

双峰骆驼十分能耐饥渴。它们可以十多天，甚至更长时间不喝水。极度缺水时，它们能将驼峰内的脂肪分解，产生水和热量。但它们一次饮水量高达57升，以便恢复体内的正常含水量。双峰骆驼比较温顺，易骑乘，更适于载重，在4天时间中可运载170～270千克货物，每天约走47千米路，每小时约行4千米，最高速可达每小时16千米。

春天来了，厚重的皮毛就会脱落。

沙漠中的双峰骆驼

羊驼

羊驼

羊驼分布于美洲玻利维亚、智利和秘鲁等地。其脸似绵羊，因此有了"羊驼"之称。它们的体形较小，脖颈较长，背上没有肉峰，毛质柔滑细软，毛色有浅灰、深灰和棕黄等。羊驼的身体比较纤细苗条，这使得它们能够很敏捷地在岩石上攀缘。它们常成群地生活在高山上，由1只羊驼担任警卫，其他的在山坡上吃草。它们毫不惧怕高山上氧气稀薄，这是因为其血液中有更多的携带氧气的红细胞。

驼马

驼马是最小的骆驼科动物，没有驼峰，有修长的四肢和长长的脖子，能够敏捷地穿梭于崎岖不平的地带。驼马的毛色以棕黄为主，仅喉、胸、腹和四肢的内侧呈白色。驼马的毛柔软细长，所以其皮毛十分名贵。

驼马

单峰骆驼

单峰骆驼原产在北非和亚洲西部及南部，比双峰骆驼稍高，体高180～210厘米，重450～690千克。它们的头小，颈长，身躯高大，毛褐色，背毛丰厚，背部有1个驼峰。刚出生的小骆驼是没有驼峰的，只有渐渐长大、开始吃固体食物后，驼峰才逐渐长出来。单峰骆驼的食物非常丰富，所有能供食用的植物它们都能吃。它们的体温在一天中随大气温度的变化而变化，从而最大限度地保持体内水分。

习性

在非洲和阿拉伯地区，单峰骆驼常常被牧人饲养起来。单峰骆驼非常耐渴，在沙漠中，它们可以连续几天不进一点儿食物。一旦碰到水源后，它们又变得非常善饮，10分钟内就可以喝光100千克水。与双峰骆驼相比，单峰骆驼腿更长，躯体更轻，毛更短，行进速度能保持每小时13～16千米，而且能连续行进18小时。

单峰骆驼饮水前后驼峰的变化

沙漠之舟

鹿科动物

　　鹿科动物是世界上最漂亮的食草哺乳动物。它们一般都长着修长的腿和长长的脖子。成年雄鹿（牡鹿）还长有鹿茸（鹿角）。鹿茸为骨质，每年都自行脱落。每到繁殖季节，牡鹿利用鹿茸来争夺交配机会。世界上共有约45种鹿，它们广泛分布在除澳大利亚外的世界各地的森林里和草原上。

钥匙鹿

獐

獐

　　獐又名牙獐，产在我国长江流域各省及朝鲜。其上体毛色呈枯草黄色，腹部为白色，雄、雌獐都没有角。獐喜欢栖息在有芦苇的河岸、湖边和沼泽地。白天大部分时间漫游觅食，晚上休息。獐感觉灵敏，行动敏捷，性情温和，以各种青草、植物的嫩叶等为食。它们独居或成对活动，受惊时，会像野兔一样一蹦一跳地跑开。但它们遇到敌害常常隐蔽起来。

驼鹿

　　驼鹿是鹿科中体形最大的种类，体长约210～230厘米。驼鹿的头又长又大，雄角多呈掌状分支。它们的鼻部隆厚，上唇肥大，喉下皆生有一个颊囊，肩峰高出，体形似驼，因此而得名。它们喜欢单独或小群生活，并且多在早晚活动。驼鹿生性喜水，尤其在天气炎热时，常在水中逗留。它们主要栖息于原始针叶林和针阔混交林中，从不远离森林，多以水边的青草及多汁的树叶为食，并喜欢到盐碱地舔食碱土。

驼鹿

驯鹿

　　驯鹿的名称来自加拿大的米克麦克族印第安人，原意为"用铲工作的人"。因为驯鹿总用如铲子似的宽扁前蹄挖掘觅食。驯鹿有一个最显著的特征，就是无论雌雄，都长着一对美丽多姿的角。这对角分叉众多，形状复杂。它们的颈部还有下垂的灰白色或奶白色的长毛，尾巴短且呈白色，体毛从灰白到几乎黑色，多为浅灰或浅褐色。它们的腿长而有力，适宜踏深雪行走和长途迁徙。

不规则的
白色斑点

驯鹿

水鹿

水鹿又名黑鹿，其躯体粗壮，体毛粗糙而稀疏。水鹿中，只有雄水鹿头上长角，角从额部的后外侧生出，稍向外倾斜，相对的角叉形成"U"字形。水鹿栖息于海拔3000～3500米之间的阔叶林、雨林、稀树草原、高原草地等多种环境里。它们平时昼伏夜出，白天在树林或隐蔽的地方休息，黄昏时分开始觅食、饮水。

在泥水中跋涉的水鹿

水鹿

白唇鹿

白唇鹿是我国青藏高原上特有的鹿种，分布于青藏高原、四川等地的高山地带。藏族人亲切地将白唇鹿叫做"卡夏"，意思是嘴像雪一样白。白唇鹿体毛呈茶褐色，毛是空心的，适于抵御高原的严寒。为了御敌，白唇鹿群习惯在吃草的时候面向坡下，迎风而立，这样，顺风时它们能闻到三四百米外入侵者的异味儿，从而便迅速逃掉。雄鹿为了建立自己的地盘，常用分叉的角与其他雄鹿搏斗，有时这些雄鹿会因长时间被鹿角卡住而饿死。

鹿角在中端突然扭转，呈扁平状。

扁角鹿

白唇鹿

习性

白唇鹿一年中的大部分时间是分群生活的：雄鹿自为一群，雌鹿和幼鹿生活在一起。它们耐寒耐冷，平时生活在海拔3500米以上的地域。到了夏天，高原上的气候逐渐变得暖和起来。这时，鹿群就要迁往海拔更高的地方去"避暑"。白唇鹿每年春、秋两季各换一次毛，春季为淡色，秋季为深色。

扁角鹿

扁角鹿是西欧和中欧地区特有的鹿种。其身上带有斑点，鹿茸顶端扁平宽大。在野生状态下，它们主要生活在树林、森林和农田中。雌鹿一般每几只生活在一起，雄鹿通常独自生活。繁殖季节来临时，雄鹿之间相互用鹿角来比试力气，争夺交配机会。幼鹿出生后不久就能站起来。

白尾鹿

白尾鹿因为在奔跑时，厚大的尾巴常常会掀起来，露出明显的白色臀部，所以才有白尾鹿的称号。白尾鹿会在清晨与傍晚时漫步到森林中的草地上觅食。它们的嗅觉十分灵敏，可轻易地嗅到上风处数千米外的陌生气味。当发现有陌生物体要接近时，它们就会提前逃走。

白尾鹿

麋鹿

麋鹿体形奇特，它们的角像鹿，头像马，身体像驴，蹄似牛，所以又称"四不像"，是国家级保护动物。麋鹿以草和水生植物为主要食物，多群居，喜欢水，且善于游泳。雄鹿有时一年长两副角，第一副角在10～11月间脱落，随后即开始长第二副角。这副角两个月后变硬并脱落。麋鹿的尾巴比其他鹿类长得多，可达65厘米，是鹿科动物中尾巴最长的，末端还生有丛毛。

麋鹿

马鹿

马鹿体形较大，仅次于驼鹿。它们也生有一对庞大的角，一般分为6个叉，最多有8个叉。夏季时，马鹿的毛比较短，通体呈赤褐色，冬毛呈灰棕色。马鹿一般生活在高山森林或草原地区，喜欢群居。其身强力壮，奔跑速度极快。夏季多在夜间和清晨活动，冬季多在白天活动，以各种草、树叶和果实等为食，喜欢舔食盐碱。雄马鹿好斗，繁殖期间，它们几乎整天整夜都在进行猛烈的格斗。

梅花鹿

梅花鹿主要分布于我国东北、安徽、江西和四川等地，栖息在针阔混交林的山地、草原和森林边缘。它们喜欢在早晨和晚上活动，以青草和树叶为食，好舔食盐碱。雄梅花鹿平时独居，繁殖时归群。雄鹿间总为争夺雌鹿而打斗激烈，并各自占有一定的势力范围。因梅花鹿具有很高的经济价值，历史上捕捉猎杀过度，野生数量极少，现被列为国家一级保护动物。

梅花鹿很珍贵，为国家一级保护动物。

长颈鹿

长颈鹿是陆地上现存动物中个子最高的，也是脖子最长的动物，主要分布于撒哈拉沙漠以南地区的稀树草原和森林边缘地带。长颈鹿长着一条优雅的长颈，头上还有一对小角，大而突出的眼睛位于头顶，可环顾360°，很适合远眺。

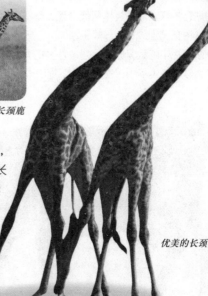

除了长在头顶的角外，在前额中间也可能长出一只角。

皮肤极厚，可以防止昆虫的叮咬。

斑纹像"迷彩装"，有利于长颈鹿伪装。

长颈鹿

长脖子的优势

长颈鹿修长的脖子具有得天独厚的优势。首先，它可以用于警戒放哨、了解敌情和寻求食物，正所谓"站得高，看得远"。另外，它还是一个卓有成效的冷却塔，长颈鹿靠脖子散热，可以适应热带炎热气候。此外，在前进的时候，长颈鹿的长脖子还能用于增大动力，在漫步、跑动时，脑袋就被置于前方，借以往前推移它的重心。

胆小的长颈鹿

长颈鹿虽然身体高大，但却生性胆小，黑色的长睫毛遮着深棕色的大眼睛，看上去温柔羞涩。它们一般15～20只左右集小群活动。有时为了安全起见，它们还与斑马、鸵鸟、羚羊等结成大群，漫游觅食。

长长的脖子可使长颈鹿吃到5.5米高处的食物。

行进中的长颈鹿

惊人的血压

长颈鹿的平均血压是人类的两倍，但却不是"高血压患者"。原因在于长颈鹿大脑下部的血管部分有一个奇异的调节血流量的"阀门"，这个"阀门"由动脉和静脉的纤细血管相互交织而成。因此，即使在长颈鹿猛低头时，也不会有超量的血液输入大脑；反之，在猛抬头时，大脑血液也不至于急剧减少。

优美的长颈

牛科动物

　　牛科动物分布在除南美洲、澳大利亚和新西兰以外的世界绝大部分地区,在世界各地还可以见到被驯化了的牛科动物,例如牲畜牛、绵羊、山羊和羚羊等。牛科动物大多雌雄均有角,门齿和犬齿均退化,反刍功能完善。它们的感官非常灵敏,常成群地生活在一起,这样更容易及时发现危险,避免受到袭击。

大角羚

非洲水牛

非洲水牛

　　非洲水牛主要分布在非洲中部及南部的大草原上。这些水牛喜欢待在一个有草绿色高灌木丛及零星树木的开阔区域里,并且要有水及泥浆让它们打滚。非洲水牛是一种安静的动物,只有当它们受到伤害或威胁时,才会将它们令人生畏的牛角对准敌人。愤怒的水牛还会跺脚并向前冲。由于它们的视觉和听觉很差,所以只能依赖敏锐的嗅觉来发现敌害。

牦牛

　　牦牛的毛很长,而且非常蓬松,腿比较短,但相当有力,所以牦牛很适合在山区生活。牦牛主要分布在喜马拉雅山区,能够在海拔6000米以上的地方生存。尽管牦牛看似笨重,但实际上它们非常擅长爬山。牦牛最早于2000年前被驯化。现在畜养牦牛的数量已远远超过野生牦牛。畜养牦牛比野生牦牛稍小,主要为人们提供肉、奶和皮毛。

牦牛

荷兰乳牛

　　荷兰乳牛身体粗壮,野生乳牛体长能达3.1米,畜养牛肩高也有1米左右。荷兰乳牛身体前半部较为粗壮,腿长,雌雄均有角,毛短而光滑,冬季时毛比较密。野生荷兰乳牛一般为棕色,畜养荷兰乳牛则因品种不同会有各种颜色,从白色到黑色都有,也有具斑纹的品种。荷兰乳牛的食物主要是草和树叶等。

荷兰乳牛

盘羊

盘羊别名大头弯羊、大角羊，是一种体形庞大的羊类，其四肢稍短，尾极短小。雄羊体长可达1.89米，雌羊可达1.59米。盘羊是典型的山地动物，喜欢生活在高海拔的平原及山地地区，常以小群活动。它们的视觉、听觉和嗅觉都相当敏锐，性情机警，稍有动静，便迅速逃遁。

角不断生长，逐渐弯曲成螺旋状。

盘羊

藏羚

藏羚又叫藏羚羊，属濒危物种，分布于印度北部和我国青藏高原。雌性藏羚没有角，雄性藏羚的角从头顶几乎垂直向上，仅光滑的角尖稍微有一点向内倾斜。藏羚栖息在海拔4600～6000米的荒漠、草甸等环境中，尤其喜欢水源附近的平坦草滩。它们性情胆怯，常隐藏在岩穴中。逃逸时，雄性藏羚在前，其他依次跟随，很有秩序。

角的顶端非常锋利。

刚出生的小瞪羚非常柔弱，一时还站不稳。

瞪羚

瞪羚属哺乳纲偶蹄目牛科，喜欢生活在干燥区域。它们和骆驼一样耐渴，它们甚至不需喝水，只靠植物内部所含的水分就可维持生命。瞪羚多生活在亚洲和非洲，尤以非洲居多。通常瞪羚都有角，腿细长，为草食动物，主要在夜间活动，为了觅食，常不远千里地迁移。它们过群居生活，至交配期才分成小群。

瞪羚

跳羚

跳羚产于非洲。它们通常栖息在开阔的草原和干旱的平原上，吃树叶和草，也用蹄子挖掘植物的球茎与根茎吃。跳羚通常群居，雄性独栖或结成雄性群。跳羚善跳跃，在受惊或游戏时，常常能跳到3～3.5米高，并连续跳跃五六次，远可达7米。跳羚奔跑速度可达每小时90千米。

跳羚

黑斑羚

黑斑羚又叫高角羚，分布在非洲中部和南部。黑斑羚雌性没有角，雄性的角很长，呈竖琴状，可达50～80厘米。黑斑羚臀部两侧有竖黑斑，后足跟部也有黑色斑。它们非常善于跳跃，一下可跳出9米远、3米高，在受到敌害威胁时会迅速跑回丛林中。在奔跑时，它们常毫不费力地互相跃过对方的身体。

水羚在开阔的地方一般不会遇到危险，但它们喜水的本性往往给自己带来危险：它们常被潜伏在水边的鳄鱼捕食。

水羚

水羚身体非常强壮，肩高有1.3米，体重可以达到200千克。它们身上的毛为灰色或者红棕色，上面还有一种油性物质，闻起来很像麝香。雄性水羚长有弯曲的长角，形状好像钳子。水羚总是在水边活动，所以才得到这个名字。它们主要以草为食。在交配季节，雄性水羚用角作为武器，彼此争夺交配伙伴或者保卫各自的领地，时常会出现受伤的情况。

黑斑羚

醒目的斑纹

像利剑一样的长角

好望角大羚羊

好望角大羚羊

好望角大羚羊长着像利剑一样的长角，这种角可以达到1米多长，是致命的武器。其身上的花纹非常醒目，所以它们很容易辨认。好望角大羚羊不用喝水，它们主要从食物中获取水分，因此在干旱地区也能够很好地生存。

麋羚

麋羚又称红麋羚、狷羚，曾广泛分布在非洲撒哈拉以南的开阔草原和灌木地区。麋羚动作灵巧，四肢健美，身体修长，体毛为浅褐色，臀部的颜色要浅些。麋羚雌雄两性都长有一对角，角细长而弯曲，上有环纹，而且像牛角那样在角根部相连。麋羚的食物主要是草，进食时间集中在早晨和下午。因被人类捕杀，麋羚的数量越来越少，现在只有在非洲南部较少的地方才能看到它们。

麋羚

鬣羚

鬣羚生活在亚洲的山岳地带，其体长140～160厘米，身高80～110厘米。因为鬣羚对夏季高温的抵抗力薄弱，所以一般生活在寒冷的高山上。鬣羚鼻尖露出的特征与羚羊相似，而强健的腿及生活在高山上等特征则与山羊相似。鬣羚的近亲有岩羚羊、石山羊、麝牛、羚牛等。

鬣羚

山羚

山羚

山羚是一种灵巧的小型非洲羚羊，体长只有75～110厘米，肩高约为50厘米。它们长有粗糙的灰棕色皮毛，雄山羚长有又长又尖的角。山羚具有很强的弹跳能力，因此它们在山岩上行走时能如履平地。这也使它们获得了另外一个名字——岩羚。山羚的蹄子小巧，在岩石间跳跃时，能够站在只有几厘米宽的岩石边缘。它们通常一小群生活在一起，以岩石缝隙中的灌木为食。

犬羚

犬羚主要生活在干旱的灌木丛中，这样的区域到处都有食肉动物出没。尽管犬羚看上去非常柔弱，但是它们很善于保护自己。它们有一双敏锐的大眼睛和一对灵活的大耳朵，能随时注意任何危险的信号。一旦受到威胁，它们就马上跳跃着逃跑。其逃跑路线呈"之"字形，使得敌人很难抓住它们。犬羚的鼻子也很特别，就好像短短的猪鼻子。雌性犬羚每次只产一只，每年繁殖两次。

犬羚

大旋角羚

大旋角羚

大旋角羚是非洲最大的羚羊之一，分布于非洲的热带草原和林地中。它们的全身呈棕红色，有白纹，雄性喉部有长毛。在非洲所有的羚羊中，大旋角羚的角是最华丽的，总长约1米，而且是螺旋状的。拥有这样的大角对大旋角羚来说是种隐忧：因为猎人们把大旋角羚的角作为战利品，所以大量地捕杀它们。

马科动物

经过几百万年的演化，马已由原来栖息在森林中的动物进化成能够在草原上疾驰的动物。马科动物主要包括家养马、野马、驴子和斑马等。它们细长的腿上仅有单趾，有蹄，擅长在草原上快速奔跑。马的脑袋较长，眼睛长在头部两侧，视野非常开阔。马的嗅觉和听觉也非常灵敏，但视觉较差，它们只能分辨黄、绿、青、红等基本色。

硬硬的鬃毛

尾巴来回甩动，可驱赶蚊蝇。

马

脚趾由角质的蹄保护着。

幼仔被夹在中间，得到细致的保护。

相互交流

相互交流可以使动物聚集在一起，警告同伴周围危险的存在，或者来表达友好还是敌意。马科动物有着敏锐的嗅觉和听觉——这一切都被用来交流。它们通过耳朵、尾巴、嘴巴的姿势和各种声音来表达它们的思想，如：竖起脑袋、尾巴，表示它们受到惊吓；张大鼻孔、伸长脖子是在警告同伴周围有险情。

斑马很机警，时刻注意着周围的动静。

群体生活

马、驴子和斑马都是群居动物。群居生活会给成员，尤其是年幼的动物一定的保护。马群通常由一只公马、几只母马和它们的后代组成。当马开始交配的时候，公马会保护它们的地盘和母马。马和山地斑马终身保持着这种生活方式，而驴子和草原斑马则生活得比较松散一些。

斑马用嘴假咬同伴，表达一种友好。

集体防御

当马、驴子、斑马和同类打斗或抵御敌人的时候，它们会运用同样的方法进行抵抗。敌对的同类双方会互相推、咬对方的脖子或腿；面对敌人，它们会转过身体，用强有力的后腿去踢对方。除了同类群居，斑马有时还会和羚羊混在一起。

斑马

斑马是非洲最著名的动物之一，其最显著的特征，就是全身上下披着黑白相间的条纹。这些条纹不仅可以扰乱敌人的视线，还可以作为种族间互相辨认的标志。斑马奔跑的速度很快，当它们被追赶时，其时速可以达到80千米，因此常可以逃脱一般捕食者的追击。

寻找水源

水对斑马十分重要。在缺水的地方，斑马会自己挖井找水。它们靠着天生的本能，找到干涸的河床或可能有水的地方，然后用蹄子挖土，可以挖出深达1米的水井。

斑马竖起耳朵朝向声源，警惕可能存在的危险。

斑马

野马

野马别名"蒙古野马"、"普氏野马"，是世界上现存的唯一一种野生马。野马的背上、腿上都有鬃毛竖立，是驯养马的近亲。它们一般常栖息于草原、丘陵及沙漠地带，喜欢一二十匹一起过游牧生活，每群由一匹公马率领。野马的耐饥、耐渴能力较强，能两三天喝一次水。在冬季食物短缺时，它们能用前足扒开积雪，采食枯草及苔藓植物，并以雪解渴。野马性情凶猛，很难驯化。

非洲野驴

非洲野驴是家驴的祖先。它们看起来和驴比较相似，只是身体更轻巧，而且腿上还带有花纹。非洲野驴生活在炎热干旱的地区，大约每50只生活在一起。它们依靠快速奔跑进行自卫，它们的蹄子踢起来也相当有力。野生的非洲野驴现在已经相当罕见，不过，有许多逃到大自然中的家养野驴分布在世界许多地区。

非洲野驴

像人的指纹一样，每匹斑马身上的条纹都不相同。

犀牛

　　犀牛体形巨大，是陆地上仅次于象的第二大哺乳动物。犀牛的鼻尖上长着一只或两只锋利的角，这是它们进行防卫的有力工具。不过，它们的视觉很差，只能靠灵敏的听觉和嗅觉生活。犀牛身上披着折叠的厚实的皮肤，它们的皮肤是兽类王国里最坚韧的。所有的犀牛都是食草动物，以杂草或树叶为食。它们并不反刍，但是有细嚼慢咽的习惯。

耳朵可以旋转，用来捕捉声音。

皮很厚实，可以挡住尖刺和敌人的撕咬。

黑犀牛和它的孩子

印度犀牛

　　印度犀牛又称大独角犀，现仅产于尼泊尔和印度东北部。它们只有一只角，皮肤粗糙，有明显的褶皱和许多圆钉头似的小鼓包，好像披着一层厚厚的铠甲。印度犀牛喜欢栖息在草地、芦苇地和沼泽草原地区，几乎每天都要进行泥浴，以清除并防止蚊虫叮咬。它们通常在清晨和傍晚觅食草、芦苇和细树枝等。世界上现存的印度犀牛约有1000～1500只。

印度犀牛

习性与繁殖

　　印度犀牛体长2.1～4.2米，成年犀牛体重2000～4000千克，是亚洲最大的犀牛。雌犀牛在3～4岁成熟，雄犀牛要7～9岁成熟。印度犀牛孕期约17个月，每次产1仔。幼仔2月底至4月底出生。新生幼犀体长1～1.2米，体重约65千克。幼犀每天可增重2～3千克，约2岁断乳。

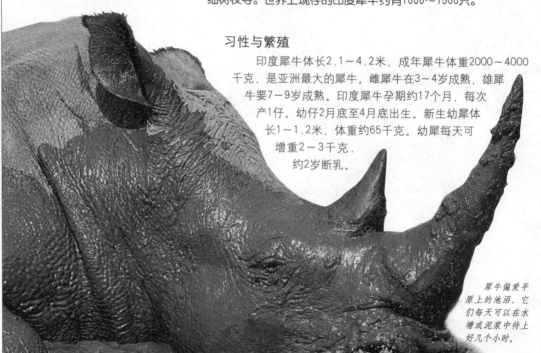

犀牛偏爱平原上的池沼，它们每天可以在水塘或泥浆中待上好几个小时。

白犀牛

白犀牛又名方吻犀，体形仅次于象，是现存犀牛中个头最大的。其身长可达5米，重量约为2~3.5吨，因此有"犀牛之王"之称。白犀牛的鼻梁上长着两只奇特的角，前角长而向后稍弯，一般长度在60~100厘米之间，最长的纪录已超过1.5米；后角长度在50厘米以下。雌性白犀牛的角比雄性白犀牛的长。目前，野生白犀牛仅生活在乌干达以及向北的尼罗河上游，仅存约4000只。

白犀牛

黑犀牛

黑犀牛和白犀牛不同，它们主要以树木和灌木为食，上嘴唇向前突出，而且非常灵活。黑犀牛比白犀牛好斗，遇到危险之后，它们不是马上逃开，而是直接冲上前去。黑犀牛主要分布于非洲，在19世纪60至80年代期间曾遭到严重猎杀。20世纪末的最后5年，黑犀牛的数目首次得以回升。在喀麦隆的黑犀牛是非洲犀牛中濒危程度最严重的种群，目前仅剩12头。

苏门答腊犀牛

苏门答腊犀牛又名亚洲双角犀牛，是现存5种犀牛中体形最小的一种，也是仅有的身上长毛的犀牛，现仅存于苏门答腊、马来西亚、缅甸和泰国。苏门答腊犀牛一般体长2.5~2.8米，体重约1吨。它们原来在开阔地区生活，现主要在茂密丛林中近水源的地区活动，清晨和傍晚觅食树叶、细树枝、竹笋，偶尔也吃果子。

黑犀牛

爪哇犀牛

苏门答腊犀牛

爪哇犀牛

爪哇犀牛又名小独角犀，原产在印度。它们与印度犀牛同属，生活习性也与印度犀牛相似。它们原生活于热带密林中，现分布在亚洲爪哇岛最西端的库隆半岛上的帕奈坦自然保护区。世界上现存约50只，是最稀少的一种犀牛。

猴

　　猴属灵长目类人猿亚目，比原猴动物要高级。它们体形中等，四肢等长或后肢稍长，尾巴或长或短，有颊囊和臀部胼胝，以树栖或陆栖生活为主。这是猴类的共同特征。猴大脑发达，手趾可以分开，有助于攀爬树枝和拿东西。从森林到草原的生活过程中，猴一直以惊人的速度在进化，成为与人类亲缘关系最近的一类动物。

猴子们玩起来似乎不知道累，而且它们有很多种玩法。

交流

　　互相交流是群居生活的重要组成部分，这样做能有效地组织好群体生活。碰到捕猎者时，它们相互发出警告。猴子们都非常重视交流，它们利用视觉信号，如手势、面部表情等来传递信息，也用叫声、触摸、气味和相互清洁来传递情感。

跳跃

长鼻猴

　　居住在树上的猴子能在森林中迅速灵活地跳来跳去。它们用后腿弹跳到空中，借助于树枝的韧性跳跃。长长的尾巴好像是行动的舵，能帮助它们在空中保持平衡，把握方向。着陆后，它们也会用长长的手臂和手指抓住树的枝干。

在相互清洁中，猴子将气味留在对方身上，作为辨识家族成员的一种标志。

长鼻猴

　　长鼻猴因它们的大鼻子而得名。尤其是雄性长鼻猴，其鼻子可以一直长到嘴下面。长鼻猴喜欢群居，它们的基本家庭单位称为"妻群"，是由一只公猴、数只母猴及幼猴组成。而年轻的公猴很早就被赶出家门，形成全由公猴组成的团体，等待发育成熟，为组织家庭做准备。母猴间虽然偶有争吵，但通常很和平。长鼻猴一般白天活动，以植物为食。它们很会爬树和游水，有时为了逃避敌人，会在水里待上很长一段时间。

川金丝猴

　　川金丝猴生活在我国四川省西部、北部的针阔混交原始林里。它们身披浓而厚的金灰色或金黄色背毛，其毛长度可达20多厘米。川金丝猴脸庞呈蓝色，鼻孔斜向上翘，所以又名"仰鼻猴"。其初生幼仔的毛呈乳黄色，1岁以后颈侧开始出现黄红色的金毛，4岁时毛色才变为金色。川金丝猴属群居性动物。它们成群游荡，徐徐转移，各群体都有一定的活动范围和相对稳定的活动路线。川金丝猴以树叶、野果、嫩枝芽为食，有时连苔藓植物也吃。

川金丝猴

滇金丝猴

　　滇金丝猴是我国特有的灵长类动物，属世界珍稀动物。它们背披黑毛，臀部、腹部和胸部为白毛，面部粉白有致，嘴唇宽厚而红艳，非常可爱。滇金丝猴主要分布于云南和西藏，生活在人迹罕至的高山地带。

　　滇金丝猴行动迅速敏捷，主要以松萝、苔藓、地衣、禾本科和莎草科的青草为食。滇金丝猴喜群居生活，通常数十只或百余只集群而居，每群由多个一夫多妻家庭组成，每个家庭由一只雄猴、数只母猴和幼仔组成。

滇金丝猴

夜猴

　　在南美洲的密林中，有一种猴子像猫头鹰一样，夜间觅食，白天休息，因此人们称之为"夜猴"。夜猴是猴类中唯一在夜间活动的种类。它们的双眼可以和猫头鹰的眼睛相媲美。在漆黑的夜晚，哪怕是一只甲虫从附近飞过，夜猴也能一伸手就把甲虫抓住。夜猴的食物范围比较广泛，除了昆虫之外，还捕食蜥蜴、青蛙、鸟、蜘蛛等。夜猴的咽喉下方长着一个可以伸缩的喉囊。当它们喊叫时，喉囊就会鼓起来。

夜猴

狒猴

　　狒猴的体长一般为45～65厘米，尾长20～30厘米。它们的前肢与后肢长度大约相等，拇指能与其他四指相对，抓握东西灵活。狒猴的智商较高，在它们的群体中，社会结构与优劣地位非常明显，且十分严格。狒猴分布非常广，从草原至红树林沼泽地，从落叶树林到常青树林，都有它们活动的身影。母猴对幼猴特别爱护，在遭猎人追捕或受惊逃跑时，总是紧紧抱住幼猴。而情况危急时，母猴甘愿自己被擒，也会保住幼猴的性命。

狒猴

猩猩

猩猩分布在苏门答腊岛和婆罗洲，栖息于变化较少的热带雨林中。猩猩身高有1.15~1.37米。它们的腿部明显比手臂长，双臂展幅为2.25米。猩猩的眉弓不明显，眼睛很小，且中间距离不大，这使它们的脸庞和眼神像人类。成年雄性首领脸上还有异常厚的脂肪赘疣。猩猩的手和脚非常相似，因此可以说它们有四只手。其手掌非常发达，又长又结实的手指可以弯曲成钩状，这样可确保猩猩在行动时抓握的稳固性。

猩猩妈妈及其幼仔

身体构造

由于猩猩在森林中过着树上生活，所以其身体结构也为适应这种生活而演化。猩猩的手为了便于钩住东西而演化成拇指短、其他4指长的形状。它们的脚也是为了便于握住物体而非常发达。当它们摘食枝端的新芽时，必须用脚和一手握住树枝，而伸出另一手去采取。猩猩的脚底不能平贴地面行走，若一定要在平坦的地面上行走，它们总是弯曲着脚底行进。

正在爬树的猩猩

素食主义者

猩猩是素食主义者，食物以水果为主。可以说，它们是全球最大的热带水果消耗者。有时猩猩也会吞食一些富含矿物盐的泥土。最有趣的是，它们还吃树皮，这在其他猴类中非常少见。猩猩很少为食物而起冲突，因为它们每个个体都有自己的领地。

长毛"外衣"帮助猩猩保持体温和干燥。

一对小猩猩

单独生活

猩猩很少过群体生活，而且从未超过5只生活在一起。虽然有时也可以看见母猩猩和幼猩猩在一起，但大多数仍过着单独的生活。此外，猩猩不太会叫，即使叫的话，其他猩猩也不太关心。甚至在森林中，如果两只猩猩不期而遇，也都是漠不关心的。猩猩也像猕猴一样，会梳毛、理毛，但多数见于亲子之间，或是自己梳毛。

当猩猩在树间运动时，它们的腿可以摆动。

自由自在的一天

　　猩猩并不早起，通常每天早晨8点才走出窝来。如果天气不好的话，9点或10点时它们也会继续睡觉，甚至于整天都在窝里不出来。猩猩睁开眼睛的第一件事就是找东西吃。它们在附近的树上，一棵棵找寻树上的果实和叶子来吃。有时，它们也会睡午觉或做日光浴。到了下午5～6点时，猩猩就在觅食的树枝上就地而眠。

手语交谈

　　猩猩虽然智商很高，但由于它们的声带不同于人类，所以发音受到生理限制。但它们可以用手语与人类交谈。科学家曾对猩猩进行了手势语言训练。经过一年的练习，猩猩能掌握100个新词。长到7岁时，它们已经能使用六七百个手语词汇，能用手语与人交谈了。

正在喝水的猩猩

尽管猩猩行动比较缓慢，但它们擅长攀缘。其手指和脚趾都能长时间地抓住树干。

居无定所

　　猩猩每隔几年就会离开原有的群体，投奔另外一个群体。它们都住在树上，离地面平均高度为8～12米，最高可达20米。由于害怕跳蚤的骚扰，猩猩每天晚上都要重新筑窝，因此它们没有固定的居所。猩猩们平时非常逍遥自在，总是在树与树之间荡来荡去，寻找食物或者嬉戏，并不像人类那么"恋家"。

繁殖

　　猩猩的繁殖速度非常缓慢。雌性猩猩平均每6年产下一头幼仔，一生可产下3～4头幼仔。它们的婴儿非常小，只有1.5千克重。小猩猩出生几个月后便学会了站立和攀爬。它们观察周围的环境，慢慢学会发掘森林里的东西。3岁半时，小猩猩学会独立行动，开始断奶，可以轻易地进食。而雌性猩猩可能因为又怀上孩子而和幼仔分开，但它们会以一种人类还不理解的方式保持联系。

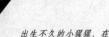
出生不久的小猩猩，在头和背上长有稀疏的毛。

大猩猩

大猩猩

大猩猩属灵长目哺乳动物，是人类最近的"近亲"。它们在所有猿类中体形最大，可重达225千克，站起来有2米高。世界上一共有3种大猩猩，全部产在非洲，分别为西部低地大猩猩、东部低地大猩猩和山地大猩猩。大猩猩一般组成12只左右的团体，过群居生活。它们通过面部表情以及30多种不同的叫声来进行交流。野生状态下，大猩猩在13～16岁之间开始繁殖后代，平均寿命为60岁左右。

性情

大猩猩是很神经质的动物。若遇到人类或陌生的东西太靠近它们或突然出现在它们面前，它们常会不安地大声吼叫或捶打胸部。虽然它们会对太靠近自己的人类大声怒吼，但很少会主动攻击人类，通常都是慢慢溜掉。

大猩猩托着腮，看起来一副忧愁的样子。

生活习性

大猩猩也是不早起的。它们每天7点多才从窝里起身，有时，虽然起身了，却还是迷迷糊糊的。它们醒来的第一件事就是吃早餐，先找身边的树叶吃，大约吃两个小时才停止。白天里，它们除了活动和吃东西，就是睡觉，如此交替进行，直到傍晚为止。当森林渐渐变黑后，它们就不太活动了，整群围在一起。5～6点钟时，若有一只大猩猩开始折树枝做窝，其他的就会立即加入筑造窝巢的行列。

通常，大猩猩四肢着地行走。

幼仔出生后，要和妈妈待上4年时间。

天敌和疾病

由于晚上睡觉的大猩猩常有被豹偷袭的情形，因此它们造了坚固的窝巢，并以银背大猩猩为中心，让幼仔与母大猩猩睡在窝巢里，以减少危险。不过，6～10岁的年轻雄性黑背大猩猩常离群独自睡觉，难免要遭受豹的袭击。大猩猩虽然在睡觉时有遭偷袭而被吃掉的危险，但对它们威胁更大的却是肺炎、寄生虫或其他疾病感染。

黑猩猩

黑猩猩分布在非洲中部及西部，栖息在高大茂密的落叶林中。黑猩猩有1.2～1.5米高，重45～75千克。除了脸部之外，黑色的毛覆盖了它们全身浅灰褐色和黑色的皮肤。黑猩猩的脑袋比较圆，最大的特点是长了一对特别大的、向两边直立起来的耳朵。它们的眉骨比较高，眼睛深深地陷了下去，鼻子很小，嘴唇又长又薄，没有颊囊。黑猩猩的手脚比较粗大，站着的时候，臂可以垂到膝盖下面。

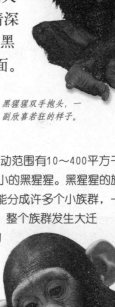

黑猩猩喜欢"小家庭"生活，小黑猩猩总不离开妈妈的身边。

黑猩猩双手抱头，一副欣喜若狂的样子。

群居生活

黑猩猩一群有30～80只，活动范围有10～400平方千米，成员包括黑猩猩、母黑猩猩及幼小的黑猩猩。黑猩猩的族群常常分散着，而在一个族群中又可能分成许多个小族群，一会儿聚，一会儿散。只有在季节转换，整个族群发生大迁移时，它们才会有比较一致的行动出现。虽然黑猩猩好像没有社会组织，但每个族群都有各自固定的活动范围。

互相梳洗

黑猩猩们经常挤在一起，互相用手指在对方身上的毛里翻找，帮助对方将一些死皮、脏东西和小虫子从身上清除出去。这种经常性的清理能使黑猩猩的身体保持干净和健康，并且能让它们在族群中建立良好的友谊及信任关系。

黑猩猩也会嚼一些类似草药的植物，以清理自己的一些伤口。

调皮的黑猩猩

制造工具

作为一种有着较高智能的群居动物，黑猩猩不但能有效地使用工具，而且还能制造工具。比如，把一只黑猩猩放在一个封闭的房子里，在房子的天花板上挂一串香蕉，在房子里放几只木箱，黑猩猩就会把木箱叠成一只简易的梯子，然后爬上去拿到它喜爱的香蕉。它们还懂得用石头砸开坚果，会用树叶盛水来饮用或者洗澡。

图书在版编目（CIP）数据

动物世界百科全书／龚勋主编．—汕头：汕头大
学出版社，2012.1（2021.6重印）
ISBN 978-7-5658-0568-4

Ⅰ．①动… Ⅱ．①龚… Ⅲ．①动物-青年读物②动物
-少年读物 Ⅳ．①Q95-49

中国版本图书馆CIP数据核字（2012）第008948号

动物世界百科全书

DONGWU SHIJIE BAIKE QUANSHU

总 策 划	邢 涛	印 刷	唐山楠萍印务有限公司	
主 编	龚 勋	开 本	705mm×960mm　1/16	
责任编辑	胡开祥	印 张	10	
责任技编	黄东生	字 数	150千字	
出版发行	汕头大学出版社	版 次	2012年1月第1版	
	广东省汕头市大学路243号	印 次	2021年6月第8次印刷	
	汕头大学校园内	定 价	34.00元	
邮政编码	515063	书 号	ISBN 978-7-5658-0568-4	
电 话	0754-82904613			